Dedicated to Scott Rao,
for his patience in teaching me about the other side of coffee,
believing in me, and encouraging me to write this book.

谨以此书献给斯科特·拉奥（Scott Rao），
感谢他耐心地教我咖啡的另一面，
相信我并鼓励我写下这本书。

Dear Coffee Buyer: A Guide To Sourcing Green Coffee

咖啡寻豆师手册

［美］

瑞恩·布朗

Ryan Brown

著

刘嘉

译

重庆大学出版社

我记得瑞恩·布朗第一次出现在我的人生中是在
2009 年 1 月，也就是我在树墩城（Stumptown）
的时候。在收获的季节，我早早就去了危地马拉
安提瓜的美景处理厂（Bella Vista）。这是我的
例行工作，我向来是借此抢在其他咖啡寻豆师之
前赶到杯测桌前。我记得，当初我们与少数咖农
一起开始了这一杯测项目，然后他们逐步大胆尝
试对从其他咖农那里买到的新推出的当季咖啡豆
进行杯测。其中有一批来自附近的奇玛尔特南戈
（Chimaltenango）的圣马丁·希罗特佩克（San
Martin del Jilotepequ）的咖啡豆非常特别，贝
尔纳多·索拉诺 (Bernardo Solano) 在他的咖啡
庄园——拉康塞普西翁·布埃纳维斯塔庄园（La
Concepcion Buenavista）生产的咖啡，是我以
前从未品尝过的咖啡：芬芳的木槿属花香（木芙
蓉或者扶桑）带着刚从杯中渗出的石榴和蔓越莓
的深红色水果特征，散发出诱人的明亮。中奖了，
至少我是这么认为的。但是，某个来自旧金山
的小子在前一周先于我们找到了美景的杯测实验
室，直接从我们手中抢走了这一批次。我很失望
但还得继续走下去。

几个月后，我前往哥斯达黎加的圣何塞，在独家
精品咖啡（Exclusive Coffee）实验室寻找更多
的咖啡，这是我们帮助建立的另一个机构。我们
为该机构建立了一个微批次方案，让我们有权优
先挑选它的咖啡——但事实证明，这只是理论
上的。我爱上了一款全新微型处理厂的咖啡，

来自莱昂·柯特斯德·塔拉珠（Leon Cortesde Tarrazu），由亚历杭德拉·查康（Alejandra Chacón）生产的咖啡。同样的故事再次发生了，我发现在我到达那里之前，同一个来自旧金山的该死的臭小子把所有的咖啡批次和处理厂都抢走了，这家伙在我自己制订的比赛中打败了我。

老实说，我很不高兴，且相当生气，开始想方设法确保他不再打败我，与此同时树墩城咖啡也在不断壮大。我负责公司近二十个产地的采购。在有有力竞争者的情况下，要覆盖所有产地，做好工作成为一项越来越不可能完成的任务。我的注意力很快从针对瑞恩这个家伙转移到与我的老板讨论让他加入的问题。原来杜安·索伦森（Duane Sorenson，树墩城咖啡的创始人）早就打起了瑞恩的主意。一年后，我们终于说服了他加入树墩城。

2010年夏天，瑞恩成了我在树墩城咖啡采购咖啡豆的伙伴。他渴望学习，他也渴望旅行，尽管他在我们第一次从玻利维亚到厄瓜多尔的旅行中病得很重。我没有像我计划的那样分裂和征服我们的咖啡世界，而是一起做所有事情，一起去任何地方。瑞恩想要一位导师，我还没有准备好。我曾经是一匹孤狼，但随着我对他越来越满意，我们变得更加紧密。一年里，我们一起出国一百五十天左右，要么这样做，要么完全相反地那样做。瑞恩渴望了解有关咖啡产地和购买的所有事情，他又是个冷面笑匠，这让他周围的人感到非常有趣。

但瑞恩也有他自己的动机和目标，我最初误解他试图顺带发展他自己的事业或在咖啡生豆世界赢得更了不起的地位。当然，虽然这一点没有错，但后来我意识到，瑞恩的动机更多是为了学习，为了在专业上提升自己，为了让自己成为更有价值的咖啡寻豆师。他紧紧站在我身边，从我、公司和我们整个供应链的贸易伙伴那里收集每一个细节。瑞恩正在成为下一代咖啡寻豆师。他本身就启发了我。

瑞恩自有他的一种独特能力，他能清楚地表达他所追求的理念，从不混乱。从我认识他开始，他就没有粉饰问题，而一直务实直率。再加上对把握、掌握概念和责任的迫切愿望，使他为咖啡寻豆师编写了一份无可否认的缜密的手册。这本书不是回忆录，它没有把一个职业浪漫化，因为这个职业并没像很多人想象的那么简单浪漫。这本书是一件工具，所有的买家，无论是有抱负的还是积极进取的都应该人手一本。瑞恩在咖啡生涯中积累了很多经验教训，这些重要的问题都将在这里加以讨论，且与我们所有人有关。很明显，他还学会了在与专业人士沟通时，如何轻松地跨越最严重的分歧，值得称赞。

为你骄傲，兄弟！

——阿莱科·奇古尼斯
（Aleco Chigounis）
红狐咖啡商联合创始人兼总裁

前言 ※ 咖啡寻豆师的经验宝库

我还记得我的第一次杯测。

在毕兹咖啡与茶（Peet's Coffee&Tea），新员工入职培训就包括杯测——通过几小杯咖啡。至少在 1999 年是这样做的，当时我开始在离我父母家几个街区远的咖啡馆工作。按照杯测标准，咖啡是深烘的，这是毕兹从不回避的。无论如何，当时的我感觉就像是被某个享乐主义的神祇抓住我棕色围裙的带子，唤醒我，让我发现咖啡里有许多美妙的味道。

当时我不打算在咖啡行业工作很长时间。我真的只是想要一些基本的工作经验。在那之前，我只喝过一些咖啡饮料，主要是来自同一个购物中心的拿铁咖啡（他家过度加糖的肉桂卷非常迎合一个十四岁少年的口味），但我没有丝毫对这种饮料的潜在热情，我只是想要一份短期工作，仅此而已。

但那次杯测彻底改变了我对咖啡的理解和认识。我意识到咖啡不仅仅只有类似鸡尾酒的意式浓缩调制品，咖啡的起源、风土、生产和加工方法可以增强或破坏其本质，产生各种各样的微妙风味，有些是水果味的，有些是巧克力味的，还有一些是泥土味的。我被迷住了，倒不是因为咖啡的味道，因为有些很无聊，有些甚至令人作呕，但事实上它们存在差异，甚至是巨大的差异。这让我感到惊讶，因为我以前认为咖啡的味道是单一的，咖啡尝起来只会是咖啡，对吧？

在接下来的一年里，我尽可能多地进行杯测。毕
兹通过每周的品尝活动鼓励我杯测，但这对我来
说还不够。我在休息时做杯测，在轮班开始之前
做杯测，而且我经常在休息时间做更多的杯测。
我和任何愿意杯测的人一起做杯测，或者自己一
个人做。我杯测了店里所有的咖啡和所有的混合
咖啡，当我把店里的咖啡杯测完了，我又从其他
烘豆商那里买咖啡豆进行杯测，我还大量阅读有
关咖啡的书。

做这些杯测和阅读的时候，我做梦也想不到我会
成为一位咖啡寻豆师。虽然毕兹的咖啡寻豆师
阿尔弗雷德·皮特（Alfred Peet）以及吉姆·雷
诺兹（Jim Reynolds）和道格·威尔士（Doug
Welsh）都很受欢迎，但我自己成为咖啡寻豆师
的想法似乎很陌生和疯狂。我不确定成为咖啡寻
豆师需要哪些先决条件，因为这些条件并没有公
开，但我确信它们一定存在，而我可能不具备这
些条件。我只知道我喜欢品尝咖啡，我喜欢思考
如何将咖啡更好地传达给渴望它的顾客，这些对
我来说已经足够了。在成为咖啡寻豆师之前，我
已经在咖啡行业工作了七年多。

我在咖啡采购方面的职业生涯跨越了几家烘豆公
司，甚至包括一家出口商。我曾多次挂着“咖啡
寻豆师”的头衔，但每次的情况都不一样，每次
我都对这个角色有新的了解。

当旧金山的瑞图尔咖啡烘豆商（Ritual Coffee
Roasters）于 2006 年开始烘焙自己的咖啡豆时，
我们惊讶地发现公司需要一位生豆咖啡寻豆师。
当时在瑞图尔的我对杯测和咖啡质量充满热情，

老板艾琳·哈斯（Eileen Hassi）鼓励我接受挑战。

奇迹般地，成效居然还不错。瑞图尔建立了一种渐进式的购买策略，通常首先与顶级供应商保持一致，并在优质咖啡方面建立了声誉。在我们涉足烘豆的一年内，我都在采购咖啡豆。每年有几个月的时间专心出差采购，熟悉产地、品种、处理法、生产者和负责运送全球咖啡的复杂系统。瑞图尔引领了烘豆业的发展，它打破了前几十年的深度烘焙潮流。浅烘能更好地呈现咖啡生豆的外观形态和内在品质。这在第三波浪潮中变得如此流行，以至于上述内容现在已经成为陈词滥调——但在 2006 年却不是。（第三波咖啡浪潮强调高品质的咖啡生豆、浅烘焙和新鲜度。）

到了 2010 年，在我几次抢先购买了阿莱科·奇古尼斯也想要的生豆后，我深深地打击了他，因此他招募我加入树墩城咖啡，他是那里的首席咖啡寻豆师。正是在这里，我喝的杯测咖啡比我生命中任何时候喝的都多（第一年超过 5 000 个不同的样品），差旅时间比我生命中的其他时候都多（前十一个月中有六个月都在出差），并且在工作中喝的啤酒也是一生最多的（这个没有具体的数据）。当我加入树墩城咖啡时，公司购买的咖啡数量是瑞图尔的 12 倍，员工们以咖啡采购团队的形式运作，这对于来自瑞图尔的我来说是一个完全陌生的概念。我从中了解到咖啡采购是如何规模化的，以及它如何"无法成功"规模化。最重要的是，我明白了做预测评估是多么重要，因为大规模采购加上团队动力，很容易就买太多或买太少。但咖啡采购的其他各个方面都差不多，必须深入剖析其中本质并不断重复同样的过程。

一年多以后，我搬到了哥伦比亚的波哥大，负责为总部位于哥伦比亚的维麦克斯／卡拉维拉（Virmax/Caravela）咖啡公司制订中美洲采购计划。在哥伦比亚咖啡价格波动数年之后，从业者对多样化采购组合很感兴趣，我为他们带来了中美洲的丰富经验。我没有在维麦克斯待太久，但足以在萨尔瓦多和洪都拉斯建立新的业务关系，两地都成为维麦克斯供应商来源组合的关键。这是我第一次也是唯一一次向其他专业采购者销售咖啡，并对其他大大小小的各种烘豆公司的不同特色和偏好有所了解。

2012年回到美国后，我加入了通克斯咖啡（Tonx Coffee），在那里我（再次）从无到有开发了一个采购方案，并学到了更多关于网上销售咖啡的知识。在初创过程中需要更加关注自己的写作能力，包括对咖啡的描述、生产者简介等，但这工作最终发展成更关注网站的呈现方式和网站用户的感受。

当蓝瓶咖啡（Blue Bottle Coffee）在2014年收购通克斯时，我继续担任产品经理，建立数字体验以帮助客户找到合适的咖啡和冲煮设备。在那个职位上，我有足够的机会了解用户对数字体验以及咖啡运送方式的变化有什么反应。我不再采购咖啡，但主要负责讲述咖啡的故事，而且我能将顾客的直接意见反馈提供给采购团队，并提供附加信息，例如他们成为蓝瓶客户是多久了，一直以来他们在蓝瓶下单花了多少钱等类似的背景资料。

在这一过程中，我犯了相当多的咖啡采购错误。

其中一些可能是不可避免的，但有些是只要我接受这项工作的培训，就可以规避的。当我开始采购咖啡时，还没有一本关于如何成为一名成功的咖啡寻豆师的书。据我所知，现在仍然没有这样的书（直到你手上的这一本）。该职位的诀窍和技能培养，就像一个都市传说一样，都是通过口述传递的。

如果您没有和有采购经验的人一起共事，那就得靠自己摸索。而我的目的是帮助您避免犯我和无数其他寻豆师所犯的错误，并尽可能快速、轻松地缩短您熟悉咖啡采购的途径。

● figure 01, page 67

咖啡采购不是一种线性、有必然结果的技能，假设两个同等级别的寻豆师选择购买相同的咖啡，分数可能是客观的，但偏好不是。一个有着更多寻豆师的世界是一个拥有更多优质、多样的咖啡选择的世界，我想活在那个世界里。

瑞恩·布朗

目录

第一部分

咖啡采购这项工作
及其责任，
从提供理念到预测，
从与供应商合作
到故事讲述。

※※※※
咖啡采购
Coffee Buying
※※※※

什么是咖啡采购？

什么是咖啡寻豆师？

当您听到"寻豆师""咖啡买手""咖啡寻豆""咖啡买家"时，您想到了什么？即使您遇到过他们中的一些人，您很可能已经把这份工作浪漫化了。虽然采购咖啡可能会有机会到美丽的异国旅行——甚至可能是非常令人兴奋的旅行——但并不总是这样。一些最成功的咖啡寻豆师很少旅行，而我几次最没成果的咖啡采购都是耗费在漫长的路途中的。结果往往比达到结果的过程更重要。

购买咖啡并不是为了造访咖啡庄园和咖农，甚至也不是为了品尝咖啡，尽管它通常涉及这两方面。咖啡采购就是咖啡采购，要充分考虑和满足客户对数量和质量的需求。对于大多数寻豆师来说，客户就是自己的烘豆公司，但对有些寻豆师来说，可能是其他咖啡寻豆师或其他烘焙公司等。

● figure 02, page 69

当然，这些采购决定可能会有不少的出差旅行，是为了确保和促进业务关系，同时获取营销资料。（不是像很多人经常想的那样，把买的咖啡随身带回家。）虽然您可以远距离与许多甚至大多数供应商保持相当不错的关系，但仍有一些是需要亲自拜访的。至于营销资料、产地信息和咖农的故事，不用出差也是可以获取的，但如果您对摄影有强烈的爱好和

※
3

讲究，那就请整理好您的护照出发吧。

　　虽然品尝咖啡并不一定是咖啡采购的核心，但我遇到的咖啡寻豆师很少不是日常杯测者，即使他们在很大程度上依赖专门的质量控制团队。当您负责一大宗咖啡品控时，您会希望亲自品尝购买的咖啡。

咖啡生豆的采购涉及很多业务：本地商（coyotes）从一个庄园到另一个庄园，以低价买断咖啡；产地园的水洗站工人为当地咖农提供便利的服务；瑞士的咖啡交易商密切关注咖啡的商品价格和各个产地的价格差异。但"咖啡寻豆师"这个头衔通常指的是为烘豆厂购买咖啡豆的人，且往往是咖啡生豆的最后一手采购者。咖啡烘焙公司的寻豆师只需要将咖啡直接送到他们自己的烘豆厂，而本地商和贸易商则需要另寻专业的咖啡寻豆师。咖啡豆在烘豆厂进行烘焙，然后以熟豆的形式卖给消费者或咖啡馆，或者咖啡烘焙公司在自己的咖啡馆里冲煮萃取进行售卖。

● figure 03，page70

※※※※※※※※
您的产品供应理念
Your Offering Philosophy
※※※※※※※※

您如何决定您的咖啡产品表?
您希望通过您选择的咖啡传达什么?

当我开始从事精品咖啡时,有两条业界秘而不宣但被严格遵
守的规则:

① 您必须提供来自三大种植区的最具有代表性咖啡:
拉丁美洲、东非和太平洋岛屿。

② 您必须提供一批专有的混合咖啡豆。

直到今天,您可以看到一些老牌公司仍然恪守这些规定,例
如毕兹和星巴克,尽管现在看来有些古怪。第三波精品咖啡
浪潮的先驱者大多接受了这些规则,只是会稍作调整,用"最
令人满意"之类的说法替换之前的"最具有代表性"或类似
的东西。因此会出现一份有三十一种口味的咖啡产品表也是
顺理成章的了:以便忠实地呈现全世界咖啡的咖啡风味轮。
一家咖啡烘焙公司要想与其他公司区分开来,几乎完全是通
过描述咖啡风味的方式,比如各国风土人情和烘焙程度的结
合。按照今天的标准,几乎所有烘豆商的烘豆机火力都开得
很猛。那些深烘和风味的描述,加上各家公司的咖啡门店设
计美学,构成了"品牌"的核心。倒不是烘豆师觉得在这件
事上他们别无选择,而是有选择的那些想法早被隐藏的规则
排除在外了。

一些产地产出的咖啡豆品质卓越,价格也非常合理。
从成本的角度来看,有些产地的价格过高,比如夏

威夷和牙买加，在第二波精品咖啡浪潮中的特色咖啡馆里几乎无处不在。直到 2010—2011 年，阿莱格罗（Allegro）前买家，也是明星寻豆师的凯文·诺克斯（Kevin Knox）仍抱怨烘豆师没有提供全系列的产品，几乎是在暗示：产品表中若排除日晒处理法或湿刨处理法的咖啡豆，那就是欺骗。（无论是指违背了顾客的期望还是违背了心照不宣的规则，我不确定。）

因为我在没有导师和不抱任何期望的情况下学习采购咖啡，所以我在 2007 年给瑞图尔做早期产品表时，模仿了树墩咖啡和知识界咖啡（Intelligentsia）的做法，也就是说从每个地区都至少买进一种咖啡，而且几乎一整年都维持供应。这两家公司是第三波精品咖啡浪潮的先驱，我复制他们的做法似乎是合理的，因为他们的做法是我能找到的最接近"操作指南"的东西。

最初我是不小心打破规则的，但一旦我这样做了，我就顿悟了。当时我已出差了几个星期，并错误地估算了苏门答腊的消费量和库存，导致我们烘豆厂存货告罄。苏门答腊是当时每家第三波精品咖啡产品表中的主打产品。我开始思考着手换掉它。我联系了几位中间商——买卖各种品质咖啡的贸易商——并要来了苏门答腊现货样品（代表在国内仓库中的批次样品，可立即运往烘豆厂），对样品进行烘焙和杯测后，我再三思考，最后终于做出了决定：瑞图尔以后不再采购苏门答腊咖啡。

到 2008 年，瑞图尔建立起自己的咖啡品牌特性，以干净、酸性咖啡而闻名。我喜欢异国风味，但希望风味忠实地反映咖啡豆的本质，而不是狂热烘焙或过度处理的结果。当时，如果您给咖啡品鉴师一杯苏门答腊（苏门答腊是一个主要生产湿刨咖啡豆的地区），并告诉她这是来自拉丁美洲的，如果她情商够高说话委婉，她会告诉您杯测不够清澈；如果她是很实诚很直白的人，她就会告诉您杯测有泥土味或有瑕疵。如果您接着说："哎呀！我弄错了，它来自苏门答腊。"咖啡品鉴师会改口开始赞美杯测的泥土味儿、木质以及干涩的特性。对我来说，认为咖啡豆来自不同的产区应该用不同的标准判断的想法是很愚蠢的。当我要购买来自苏门答腊岛的带着泥土、木质、干涩味儿的咖啡时，我要如何跟拉丁美洲的生产者说：他的咖啡因为有泥土味、木质味或干涩的味道而不符合标准呢？

我不能。

于是我没有安排购买苏门答腊咖啡，而是与瑞图尔的老板艾琳谈话，并说服她不提供苏门答腊咖啡也无妨。她问了我几个类似尽职调查类型的问题，然后微笑着颔首，以她始终不渝的创业精神支持这个决定。后来我听到她吹嘘我们决定不提供苏门答腊，因为它不符合我们建立的质量标准。她同意我的观点，我松了一口气，她现在正在利用我们的决定来宣传我们的咖啡生豆故事，我很高兴。我可以暂时停止品尝湿刨处理的咖啡样品则令我欣喜若狂。

这个故事的重点不是告诉您，您的产品供应理念应该是什么。当然，如果您停止烘焙湿刨处理和日晒干燥处理的咖啡，我会窃喜。我想明确的一点是您应该有一套自己的产品供应理念，最好是能反映您自己的口味偏好。停止供应湿刨处理咖啡的决定对瑞图尔来说是一个启示，感觉就像从我们肩上卸下了重担。我想，目前不提供湿刨咖啡已经深深地融入了瑞图尔的精神之中，湿刨处理法应该进行一场真正的革命，才能重新开始供应。

真正的启示并非我们不再需要苏门答腊，而是我们不必遵守任何不成文的规定。此外，您的个人口味不是像您喜欢哪种冲煮咖啡的口味那么简单；它们还可以反映更多抽象的偏好。举例来说，在那个关于苏门答腊咖啡的决定之后，我写了这个：

我们所拥有的就是我们所找到的。

您可能会注意到我们提供的咖啡豆选择有一些特别之处——并非随时都是一应俱全。我们努力购买最好的咖啡，这意味着我们对待咖啡的方式与杂货店老板对待水果的方式一样：强调季节性！您拿到的豆子是新鲜的，不仅是新鲜烘焙的，而且是新鲜采摘的，小心运输以保持新鲜，烘焙以表达它们的内

在品质和风味为宗。您可能会注意到我们的豆子有
些特别之处——就是新鲜！

这个关于季节性的信息反映了我的决定，即提供我们想要提
供的东西，而不是局限于传统规范对我们的约束。这为我提
供了喘息的空间来寻找最满足我们所需的咖啡，无论产地的
国界在哪儿。

　　我在这里为您提供了一些方法，您可以通过这些方
法来建构您的产品供应理念。它们不是相互排斥的；
供应的部分产品由一种方法来决定，另外的部分则
来自另一种方法，那也没有关系。但这些方法也不
是详尽无遗的，除此之外当然还有其他可行的方法。

※ 基于产品组合 ※

这基本上是瑞图尔和现在许多其他第三波精品咖啡烘豆商的
做法。您对品质的期待与产地无关，而是希望咖啡能达到这
些期待，不受产地或处理方法的制约。

〔优点〕　　　您需要做的就是找到在杯测台上能通过盲测
　　　　　　的咖啡。您的供应商可能来自更少、更有限
　　　　　　的几个产地，从而简化和集中您的采购和注
　　　　　　意力。

〔缺点〕　　　您最终可能只拥有几个有限的产地，能满
　　　　　　足您的产品组合需求。最终得到的可能只
　　　　　　是一份乏味的咖啡，几乎没有惊喜或出色
　　　　　　的咖啡。

※ 基于原产地 ※

这意味着几乎每个产地都会提供一些，或者可能集中少数几
个产地。前者大概就是毕兹咖啡和大多数早期第三波精品咖
啡烘豆商的标准做法。后者实际上是许多产地国咖啡烘豆商
的运营方式，但胡安·迪兹（Juan Valdez）等国际咖啡馆也是
如此，它们的运营旨在在哥伦比亚可以找到的各种风味。（我
曾幻想过一家只供应哥伦比亚咖啡的咖啡馆，这既是因为其
风味多样——我真的认为您可以在哥伦比亚找到几乎世界上
所有独特的咖啡风格——也因为哥伦比亚有主产季和次产季，

所以几乎全年都在生产咖啡。)

〔优点〕 比起浮光掠影地粗略触及单一产地的产出，
您会更专注、更深入地了解形形色色的咖啡
风味。如果您打算把拜访供应商当成例行的
工作计划，那么产地越多，出差和工作就越多，
而明智地制订一份基于产地的产品表有助于
控制差旅时间和成本。

〔缺点〕 任何产地都可能在一个特定的收成年份面临
诸多问题。例如，在 2007—2008 年的冬天，
萨尔瓦多经历了强烈的风暴，对许多咖啡树
造成了毁灭性的破坏。一个严重依赖萨尔瓦
多的寻豆师只有更少、更贵的选择。

※ 基于生产商 ※

与基于产地的方法没有什么不同，您可以围绕特定的生产商
采购您的咖啡产品。当凯文·波林（Kevin Bohlin）在旧金山
设计圣弗兰克咖啡（Saint Frank Coffee）时，他特地将产品表
的一部分用于这类咖啡。他发现了有趣的生产商，他们有令
人信服的故事，并且他们的咖啡有潜力，同时也有明显的改
进机会。凯文这样做是因为个人、社会和宗教动机，但任何
人都可能因为任何原因或任何关系选择遵循以生产商为基础
的产品理念。我见过个别的咖啡庄园，比如危地马拉的茵赫
特（El Injerto），就是自己烘焙咖啡豆，并通过品种的多样性
为顾客提供丰富多样的产品表选项。

〔优点·缺点〕 它们反映了基于产地的产品，但它们更极
端。您可以专注于您的供应商关系，给您
的合作伙伴大量的关注和反馈。然而，如
果您的供应商遭遇挫折，您可能没有备用
方案来应对以满足顾客需求。

※ 基于客户 ※

围绕着您的客户建立一个产品表可能意味着一些不同的事情。
烘焙师要满足特别重要的批发客户的需求并不罕见。树墩城
咖啡曾邀请了一些客户进入实验室，独家接触从著名生产商
那里获得的小批次豆子。批发烘焙关系可以形成一个反馈回

寻豆师
手　册

※
9

路，直接提供资讯并形成购买决策。在通克斯咖啡的每一次
采购，我都比以往任何时候更看重终端消费者：这是我们的
客户会喜欢的东西吗？这太有挑战性了吗？太平庸了吗？这
个故事足够有趣吗？我们会达到他们的期望值吗？

〔优点〕　　　让您的顾客参与您的购买决策可以降低他们
　　　　　　　不买您咖啡的风险。首先，他们已经表达了
　　　　　　　他们对咖啡的偏好；其次，他们觉得在这个
　　　　　　　过程中投资了，而且在某些情况下，也是投
　　　　　　　资了与供应商的关系。

〔缺点〕　　　让另一方参与到您与供应商的交流沟通中会
　　　　　　　很麻烦，有时还会造成损害。如果您是比较
　　　　　　　守口如瓶的人，您可能会对顾客参与分享购
　　　　　　　买咖啡的任何经历感到不安，因为害怕他们
　　　　　　　会开始购买和烘焙自己的咖啡豆。根据客户
　　　　　　　的意见做出购买决定可能是最不具管理性的
　　　　　　　方法，这对您来说可能重要，也可能不重要。

※ 基于季节性 ※

基于季节性的产品表通常是一种自我施加的限制，或者至少
是一种意图，即在收获后的一段日子或几个月内进行烘焙。

〔优点〕　　　在所有其他条件相同的情况下，收到豆子后
　　　　　　　尽快烘焙的烘豆师，烘焙的生豆更有可能比
　　　　　　　别人的新鲜。也就不太可能囤积太多的咖啡
　　　　　　　豆或者保持一个产品表好几个月都没变动。

〔缺点〕　　　收获后的几天或几个月是个随意性的、不可
　　　　　　　控的时间长度，对不同的产地和咖啡豆有截
　　　　　　　然不同的重要性。例如，尽管我喜欢肯尼亚
　　　　　　　和哥伦比亚的咖啡，但肯尼亚的新鲜口感往
　　　　　　　往比哥伦比亚的长得多。如果您未能在时间
　　　　　　　限期内把您的产地库存烘焙完，您将自我施
　　　　　　　加更大的压力，试图弄清楚如何消耗掉咖啡，
　　　　　　　即使您有内部出口可以把咖啡消耗掉。（例如：
　　　　　　　综合咖啡或冷萃咖啡。）

※

我想分享一些我的建议：

① 不要省略产品供应理念。没有产品供应理念就像没有公司宗旨和目标一样。暂时您会没事的，但如果您没有设定长期目标，就很难知道您是否会成功。如果没有产品供应理念，就很难从为什么一种咖啡被认可而另一种被拒绝中获取信息，这将不可避免地让您、您的同事和您的顾客感到困惑。无论是作为寻豆师，或团队一员，抑或是咖啡经销商，一套产品供应理念都将是其做采购决策的方向和目标。

② 不要太频繁地改变产品供应理念。如果您经常改变它，矛盾不一致的供应理念就会令人难以信服。要与您的团队仔细研究以定义您的供应理念，然后仅在您有充分的理由相信它不再适合您时，才对其进行修缮改进。在瑞图尔，这意味着我们意识到我们想要偏酸的干净咖啡，甚至放弃了好卖的苏门答腊咖啡。

③ 不要盲目复制别人的产品。这与没有产品供应理念是一样的。有时您必须复制业界大咖才能进步，但没关系，迟早您得自己解释为什么要提供某种咖啡，并且要相信自己给出的答案。

④ 不要很努力地与别人的产品表区分开来。为了追求不同而不同的烘豆商同样无法为自己所选的产品表作辩护。您完全可以偶尔与竞争对手分享下产品表。赞美生产商，放手，继续前进。

⑤ 不要试图提供几乎所有产地的咖啡。我在上面说过，您可以尝试这样做，而且绝对可以，但我认为管理起来会是一场噩梦，而且难以规模化、标准化。另外，按照国家边界来划分咖啡是很肤浅的。在哥伦比亚几百英里的山脉，咖啡之间的差异就超过了巴西的320万平方英里。国名可能对您的客户来说是最重要、最显著的差别。但对您而言，它们不应该是，我亲爱的咖啡寻豆师。

无论您的产品供应理念是什么，精心拟定一套就能帮您认清：

Ⓐ 您的咖啡尝起来是什么味道；

Ⓑ 您的咖啡来自哪里；

ⓒ   您与生产者的关系。

我在瑞图尔的产品供应理念中融合了几个决定：

精选来自中美洲、南美洲和东非的甜味、水洗咖啡的杰出生产商，并在收获后的十二个月内供应咖啡。

　　虽然这一产品供应理念指导了我如何采购咖啡，但它也道出了我们处理其他一切的方法：烘焙、冲煮、服务、培训、包装袋和网站上的内容，以及我们如何述说我们的咖啡和供应商。在烘豆和冲煮过程中，我们旨在萃取生产者努力创造的咖啡内在品质。这在今天可能是陈词滥调，但它对于实现我们的产品供应理念仍然很重要。在大多数情况下，最重要的一点是轻度烘焙和按水粉比萃取的理念，在当时有些人看来觉得很没意义，而另一些人则觉得很棒。（而这些烘焙方式和萃取方法现在相当普遍。）在服务和培训方面，我们关注的是生产我们咖啡的人的名字和故事，而不是像 2007 年时流行的国家名称和处理技术。在我们的包装袋和网站上，我们关注的也同样是生产者。当时，烘豆商通常将咖啡的名字格式化为类似于"哥斯达黎加天使"（Costa Rica El Angel），但在瑞图尔，我们是先列出生产者的名字，最后才是国名，像这样：

　　Alejandra Chacón's　亚历杭德拉·查康
　　　　　El Angel　天使
　　　Costa Rica　哥斯达黎加

我们的产品供应理念也改变了我们的供应商，他们开始明白我们打算与杰出的生产商建立关系，他们会教我们种植和制作令人深刻的咖啡的意义。我描述的是一种截然不同的理念，我在毕兹的最初那几年的咖啡生涯，他们都在歌颂烘豆大师和她的特殊秘诀是如何解锁了神秘的美味（通常是非常深度的烘焙）；或者是绝对保密，必须定期监控和调整受保护的综合豆配方。毕兹当时很少讨论咖农，只会提到一些大致的产地特性。

　　建立"产品供应理念"似乎没什么必要，甚至有些自命不凡。只买好的、对的咖啡，对吧？但是，明确的产品供应理念给了我、我的团队、我们的供应商，以及更重要的是——我们的客户一个机会和平台，我们大家可以聚集起来，从中成长和享受。这使得我的工作更轻松、更有趣、更有价值。

03

※※※※※※※※※
投资关系的长期价值
The Long-term Value of Investing in Relationships
※※※※※※※※※※

您如何与供应商建立有意义的工作关系？

就像常会遇到的状况一样，我买过的最好的咖啡之一是无意间遇上的。2008 年初秋，新创立独家精品咖啡的弗朗西斯科·梅纳（Francisco Mena）一声招呼都没打，就出现在瑞图尔，还带来了哥斯达黎加的数十位最好的咖农。当时，我对哥斯达黎加咖啡的看法是有限而肤浅的。虽然我杯测过很多，但它们给我的感觉最多只是干净但是乏味的。哥斯达黎加是美国人喜爱的热门旅游地，之所以是一个受欢迎的咖啡产地，原因与牙买加的蓝山咖啡或夏威夷咖啡相同：它们是美丽的度假胜地，因此有了言过其实的咖啡盛地名号。

我被弗朗西斯科热情洋溢的语气和他对我的需求的充分理解所吸引，他对一起来访的咖农所宣称的产品品质做出了空前的保证。后来我收到独家精品咖啡代表各种类型的精选样品，并尽职尽责地烘焙了它们，我本以为它们就是些平淡无奇还算过得去的咖啡。

但我错了。在五六支样品中，大概有一支我不喜欢，但我立即提出要将其中的一两支全部买下。这些批次的分量完美——通常是二十五到五十袋的 69 公斤袋装。特别是其中一种样品，简单地标记为洛斯·查康斯家族（Los Chacónes），一如我对哥斯达黎加咖啡的期待，味道干净，但也有一种让人联想到红糖的甜味，同时带着一丝柑橘和坚果的味道。酸度非常强烈，即使咖啡凉透了，味道仍然很棒，这是优质咖啡的标志。

　　所以我做了任何咖啡寻豆师都会做的事：我去了一趟哥斯达黎加。我打算针对弗朗西斯科手上的合作对象做更多的杯测，并拜访洛斯·查康斯家族这支咖啡的生产者。当洛斯·查康斯家族对瑞图尔了解得更多，得知我们的业务以及我们对生产者关系的态度后，他们确信我们是以品质为重的采购者，会跟他们一起成长。在我们收到第一批咖啡后，我特意又飞了一趟哥斯达黎加，亲手送给他们一份特别的礼物。我们已经为咖农付出了当之无愧的高价，但我想再给他们一张对我们关系至关重要的信任票。还有什么比一张一千美元的超大支票更好的方法呢？他们很快开始投资咖啡庄园，建造自己的处理厂。（需要明确的是，一千美元是一个很好的姿态，但它只是建造咖啡厂总成本的一小部分，哪怕是很小型的咖啡处理厂。）

第二年，查康斯家族开始生产比前一年更好的咖啡，隔年又更上一层楼。瑞图尔与查康斯家族及其天使咖啡庄园（Finca El Angel）的关系保持至今，他们提供的产品代表了哥斯达黎加的最佳品质。

　　是的，寻源采购是在您的产品表上找到符合标准的咖啡，但不要忽视与供应商合作开发真正卓越产品的潜力，投资您的人际关系，清楚您在寻找什么；更重要的是，您想要避免什么，这样您就会有越来越多的优质咖啡供应商。

在第一次拜访查康斯家族后，我飞往危地马拉。前一年，我一直在和一个名叫路易斯·佩卓·泽拉亚（Luis Pedro Zelaya）的神秘人联系。在之前的危地马拉之行中，我遇到了许多大型出口商——那些负责将咖啡从产地运送到目的地的物流运输商，我努力跟他们强调日批次和真空密封袋，强调这些因素对于咖啡卓越品质保障的重要性。赫黑·德·雷恩（Jorge de Leon）是在一家大型出口公司任职的杯测师，他认为我们找大型出口商谈论小量日批次的问题是找错了对象。在我不知情的情况下，他联系了路易斯·佩卓，他知道佩卓能提供我想要的东西。

　　不久之后，路易斯·佩卓正好来旧金山，顺便去了
趟瑞图尔咖啡。遗憾的是，他去的时候没有事先通
知，我正好出差在外，于是我们错过了，但他留下
了一些样品。当时我的存货非常充足，虽然做了杯
测，我却没有认真地考虑与他合作的事。在我竭尽
全力试图在危地马拉建立其他关系，却徒劳无功之
后，我再次与路易斯·佩卓联系上了。我第二天必
须要飞回哥斯达黎加，我想我可以在危地马拉停留
二十四小时，让我看看他能给我什么。

为什么只有二十四小时？

　　根据我 2008 年第一次去拜访生产者的“产地之旅”
留下的印象，飞过去，一天杯测七十到八十种样品，
每种样品都代表来自咖啡庄园不同地块或不同收成
日（或两者兼而有之）的批次，选择您最喜欢的几
个批次采购，然后花一天时间参观咖啡庄园，拍摄
一些照片，看看咖啡树、咖啡庄园和加工处理的情况。
在我前往危地马拉市途中，我在哥斯达黎加圣何塞机场给路
易斯·佩卓发了一封简短的电子邮件。我没有跟他说过几次话，
也没有见过他本人，所以我有片刻的忐忑不安，担心到了一
个谁都不认识的城市，他却可能已经忘了我，那我就要滞留
在机场了。（事后回想起来，其他几十次类似的旅行中竟然
从来没发生过这样的情况，真是神奇。）

　　我的电子邮件这样写道：

主题：确认
　　只是想确认我今天会在机场见到您。
我的航班预计在四点十分抵达。回头见！
　　　　　　　　　　　　　瑞恩 / 瑞图尔

几个小时后，他回复：

好的，瑞恩。一位名叫菲利普（Felipe）
的司机，我们叫他康奇“Canche”，他

※

16

会去接您。我被邀请参加安娜咖啡协会
（Anacafe，危地马拉"全国咖啡协会"
的缩写）举行的董事会会议。我原本已经
取消了该行程，但我们需要达到法定人数。
所以你们在离开机场后就到咖啡协会来接
我，然后我们去安提瓜。我们大约在下午
六点做杯测。（今天大约六十种样品，明
天大约再六十种样品。）

回头见。此致，

敬礼！

路易斯·佩卓

今天六十种样品，明天六十种样品？一百二十杯咖啡？我想
强调的是，这个"今天"和"明天"是发生在我在"今天"
下午四点十五分到达机场之后（我们将在五点半左右到达
安提瓜做杯测），而我计划第二天下午飞离危地马拉城。
我在危地马拉不到二十四小时，而我要在这段时间杯测大约
一百四十种样品。哦，天哪，我简直是找到了宝。我在这段
旅行中选择的许多咖啡后来成为我在瑞图尔、树墩城和通克
斯维持和发展贸易关系的基础。

路易斯·佩卓领先于他的时代。他是世界上为数不
多的将咖啡分为日批次的生产者之一。这个"神秘人"
后来成为我发展瑞图尔危地马拉采购计划的基石。
后来我得知阿莱科·奇古尼斯在树墩城咖啡也是这
样和他合作的。

寻源采购是一种坚持不懈的沟通，持续不断地向供应商传达
您想以什么样的方式要什么样的讯息，然后是购买意向，当
您看到产品潜力时愿意配合他们满足他们的意愿；还有，更
痛苦的是，当您看到他们对您的追求漠不关心时，要说"不"
并转身离开。

要成为一名成功的咖啡寻豆师，您根本不需要出差，
而且您很少需要像您听说的其他采购那样频繁地出
差。我遇到的大多数供应商，甚至绝大多数我认识
的最小型、最偏远的生产商都可以通过电子邮件、
短信联系，最重要的是大部分还都有 Facebook。当

> 我开始在 Facebook 的消息平台上讨论杯测分数与合
> 同时，我对 Facebook 的态度有了转变。

话虽如此，尽早与您的供应商见面并偶尔故地重游，大大有
助于您和他们之间建立紧密的联系，达成共识，沟通您想要
什么。有时候现在走一趟，免得以后跑两趟。我早期与查康
斯家族和路易斯·佩卓的合作经验使我和我的烘豆师能够多
年来持续获得优质咖啡豆，且不费吹灰之力就维持了这种关
系。与您的供应商建立良好的关系可以让您高枕无忧，因为
您知道有好咖啡在等着您。

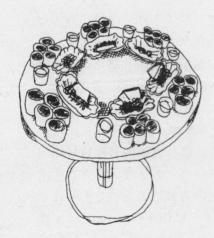

※※※※※※※※※※※※※
积极回应、清晰沟通的重要性
The Importance of Being Responsive and Crystal Clear
※※※※※※※※※※※※※

与供应商合作时，您如何避免沟通不畅和混乱？

因为我经历了从一名咖啡师、咖啡烘焙师、寻豆师，再到数字产品经理，我相信任何一份工作中，只有不到一半知识是职位特有的专业知识。构成一份工作的大部分内容是对任何角色、任何行业都有帮助的专业细节。

我不会详细说明所有这些可转移的专业技能的价值和重要性；不过，我会花点时间强调一个尤其重要的问题，我经常看到咖啡买家因为忽视或淡化这一点，对他们造成了不利，那就是：积极回应、清楚沟通。咖啡采购是在双方清楚沟通的情况下进行的活动，快速而直接的回应会让你一次又一次受益。您和远方的人交流，经常需要跨越语言和文化上的障碍。而您在协商复杂的业务时，需要处理许多有关价格、质量、意外事件和期望等细节。更具有挑战性的是，您很有可能讨论的是非常主观的问题，比如：一杯咖啡尝起来的味道如何？即使是身处同一间屋子的专业人士，说着同样的母语，有着同样的文化背景，以同样的方式接受同样的训练，有同样的目标，也还是会有意见分歧的。想象一下如果没有这些共同的经验和动机，这一切又会是多么地困难。

我经常从供应商那里听到有关咖啡寻豆师在采购过程中的关键时刻保持沉默，或者神龙不见尾，玩失踪。

当供应商得不到任何反馈时，往往会陷入不知如何是好的境地。这会让他们在下一次考虑与该寻豆师开展更多业务时犹豫，这也导致他们青睐回应更快的竞争对手。我比我的竞争对手更愿意承诺，我一点一滴地不断拿下供应商业务，就是靠着做个回应更迅速更积极的寻豆师，我这样做是因为不爱沟通的客户让供应商头痛、处境艰难。

● figure 04，page 73

这不仅仅适用于购买咖啡生豆。在我短暂从事生豆销售业务的期间，我们最害怕的就是采购者订单付款延迟又不回复电子邮件。即使仅仅是一句简短的话，"我们现在无法付款"也比没有回应更好。传达坏消息是令人不快，但没有什么比没有回应更糟糕的了。前者表现为担当与信任，后者表现为懦弱和不可预测。如果说我在维麦克斯工作期间没有学到其他东西的话，起码我了解到，拥有大量咖啡库存的供应商不喜欢不可预测的客户。

如果您是新手买家或是小定量买家，您期望不认识您的人信任您，这一点特别重要。早期经常沟通可以建立信任。通过谷歌群聊 Google Hangout、网络电话 Skype 或视频电话 FaceTime，或面对面地告诉供应商您的业务是什么，以及您希望如何继续采购咖啡。最值得信赖的做法就是及时回复电子邮件。

您忙得没时间回复供应商？就算您不是专职的寻豆师，也要抽出时间。如果这意味着得减少合作的供应商数量，或许可以多找国内进口商合作，他们负责从产地接收咖啡的物流。也可以找能够提供更全面服务和产地的中间商，他们可以处理这些工作。如果您不与您的供应商沟通，您的竞争对手就会沟通，如此您的供应商就会紧俏起来，您抱有期望的咖啡豆就会被卖给您的竞争对手。

最好是发送一条简短的信息，如："我不确定如何回答您的问题，但我会尽快明确答复您"，而不是什么回应都没有，直到一周后才给出一个比较清楚的答案。一般来说，尽量在一个工作日内对所有事情做出回应，尤其是对供应商。如果您把他们放在第一位，他们也会回报您的。

您可能会做的另一件几乎同样糟糕的事情是，在交流中表达不清楚。牢记潜在的文化、语言和沟通障碍，使用最简单、最不口语、最直接的语言来描述您在寻找什么，以及您想从某种情况中得到什么，至少在您知道可以用其他方式与供应商沟通之前如此做。可能的话，解释您想要什么，为什么想要，以及您打算如何使用，比如：

> 我想买十袋干净、带花香、甘甜的埃塞俄比亚咖啡，用来做成价格较高的单品滴漏咖啡。

这为供应商提供了更多了解您的需求的背景信息，这样你们双方都可以受益。有了这些信息，供应商可以推断出您可能有的各种其他期望：这是单品滴漏咖啡，所以您可能愿意支付更多钱，因为您打算卖得贵一些。您可能也想要一些推广用的信息，比如产地和生产者资讯。

与世界各地的咖啡供应商取得联系并保持联系，您就需要下载一些您可能会感到意外但长期使用的软件，以及其他一些可能很尖端的软件。我第一次听说 WhatsApp 是在 2009 年，当时我正在拜访洪都拉斯蓬特庄园（Finca El Puente）的玛丽莎贝·卡巴列罗（Marysabel Caballero）。她就是用这个软件与全世界的寻豆师进行交流。类似的，但与通信工具无关，是在我 2010 年第一次去厄瓜多尔时学会了 Waze，因为 Google 地图不适用于南美更偏远的乡村道路。我习惯通过电子邮件沟通，偶尔也会用 Skype 或 Google Hangout，但与供应商合作可能也意味着您要使用 Facebook、Messenger、Yahoo 和 MSN 等社交聊天软件，要让人在这些社交平台上找得到您。

让您的供应商能够联系到您，从而为您的业务关系以及最终为您的咖啡供应创造巨大的积极成果。

※※※※※※※※※※
与您的供应商搞好关系
Making Nice with Your Suppliers
※※※※※※※※※※

您如何让您的供应商了解情况并渴望与您持续业务往来？

最成功的咖啡寻豆师并不是那些对咖啡生产、品种或烘焙最了解的人，不是付出最多或最少的人，也不是旅行最多或最少的人。

优秀的咖啡寻豆师有一个共同点：一流的沟通技巧。我再次强调，"没有及时回应供应商"是寻豆师们最容易犯的错误。您在出差，您有事情要忙，您需要回到实验室，等等。当然，每个人都很忙，但最好是回应，哪怕说"我无法回复"也好过直接假设供应商会心有灵犀地理解您的不回复。

除此之外，还有其他方法能取悦和奖励您的供应商伙伴：

※ 客户反馈和案例 ※
也许在这个复杂的咖啡供应链中，最有影响力的事情就是有人终于喝到一杯咖啡。想一想客户体验对您有多重要，再问问自己，"为什么我不与我的供应商分享这一体验？为什么我不告诉他们更多关于人们对他们咖啡的感受？"

如果您以为他们不在意，没有向供应商们提供反馈，固然是无伤大雅的，但其实他们是在意的。咖啡的高品质是由那些更加努力地让咖啡味道稍微好一点（有时甚至更好一点）的人推动的，主要是为了让更挑剔、更有鉴赏力的顾客体验和享受。因此，不要把顾客对产品的感受细节藏起来，要尽快分享，多多分享。

※ 分享您的成长 ※

回馈供应商的一个最简单但经常被忽视的方法，就是您在成长的同时增加与他们的业务。随着您的成长，您的供应商组合很容易多样化，您不应该依赖个别的供应商，但对于那些帮助您成长的供应商，增加与他们的业务是好事，尤其是当他们为您提供了一些更成功、更优质的产品时。他们一直是您的盟友，常常希望您增加采购并与他们分享您的成功。

※ 向他们介绍您的竞争对手 ※

是的，没错。当然，您可能会认为这很疯狂，但我想不出比让您的供应商只依赖您和您的企业更具帝国主义垄断色彩的了。此外您称之为"朋友"的优秀供应商"合作伙伴"也希望通过您与其他买家建立联系。他们的生产量可能远超您的购买量，即使没有（虽然不太可能），只要他们需要，他们也能联系到更多的买家，所以向他们介绍您的竞争对手正是正确的做法。

您的供应商可能会想到一个更具威胁性的交易：他可能会重新考虑是否生产特色精品咖啡。我听过不少拥有非常优质庄园的优秀生产商详细解释简单轻松的方法：生产品质差异不大的商业咖啡（commodity coffee）。生产优质咖啡比生产劣质咖啡成本更高，而且需要更多的时间和精力。虽然回报或许更大，但并非总是如此，而且所谓"更大的回报"很少包括重要的经济收益。

和我交情最好的就是我慷慨介绍给竞争对手的那些生产者。当我在 2010 年见到亚历汉德罗·瓦利恩特（Alejandro Valiente）时，他对与买家建立直接关系的积极结果持怀疑态度。几年之内，我把他介绍给了几个竞争对手，他还和他们做了一些生意。这个决定甚至帮助我和竞争对手建立了友谊，这对所有人来说都是有益的。我在亚历汉德罗家住过很多次，还认识了他的妻子和女儿，而他也同样在我家住过。

而这些完全不妨碍他多年来为我供应许多优质咖啡。如果您想要得到供应商永远的信任，请把他们介绍给您的竞争对手。您的供应商的成功就是您的成功。

※ 交流您的业务 ※

所有供应商都希望客户的业务增长迅速。不断增长的业务更有可能增加购买量，而不太可能完全消失。我曾多次尴尬地跟生产商说我们"今年"没办法向他们采购，从而知道当烘焙业务没有增长时，供应商也会受到影响。供应商还希望客户按时付款。据我所知，这是一个问题，尤其是对来自美国的客户来说，在美国，在交货后延期付款是很常见的（咖啡的付款应在收到货后 30 天内）。

我不会告诉您应该如何考虑您的咖啡生豆账单的优先顺序，但我有一些建议，可以更好地处理您可以掌控的事情。这些建议适合用于所有类型的供应商：咖农、出口商、中间商和进口商。

※ 未来采购计划预测 ※

它可以帮助您的供应商了解您对业务变化的预测。如果您知道您将来想从他们那里买多少某种类型的咖啡，他们就可以做出相应的计划，这会特别有帮助。在您签订合同之前，可能没有任何预测是有意义的，但它仍有助于传达您的期望。

※ 品质需求 ※

农业是一个很辛苦的行业。大多数咖农一年中有三分之二的时间都在辛勤种植咖啡浆果，还要花一大笔钱在人工采摘咖啡上，然后往往还要花更多的钱在烘干、脱壳和准备装运上。而这些全部都是他们在看到自己劳动收入之前就必须要先付出的。您能想象您要等半年才能拿到工资吗？那您又能想象在不知道是否有买家愿意为您生产的高品质批次咖啡豆支付更高费用的情况下等待吗？

这项思考练习旨在强调与供应商沟通的重要性，不

仅沟通您需要多少咖啡, 还沟通您需要什么品质——风味特征和杯测得分的综合结果。您打算怎么处理那些咖啡? 和可量化的预测一样, 在签订合同之前, 任何条款都不是牢不可破的, 但它仍然有助于与供应商加强理解。

※ 价格需求 ※

当采购者清楚他们愿意支付什么价格时, 就节省了很多痛苦和时间。这并不仅仅适用于价格上限, 对于那种聊了半天, 才发现对方要价比您打算出价的综合拼配豆价格还要高一块钱的情况也能有效避免。也有供应商故意慢悠悠的不让我接触咖啡, 因为他们不确定我是否有足够的预算, 这只会让我对他们在杯测桌上呈现的批次质量感到失望。这是我的错, 我没有传达出我愿意为卓越品质支付高昂的价格, 别人给我看表现平庸的豆子也就不足为奇了。

※ 新手蠢事 ※

早在 2007 年, 我还是一个新手寻豆师, 对如何正确预测几乎一无所知。我杯测了一支很棒的、来自利姆 (Limu) 产区的埃塞俄比亚水洗批次, 我对它非常感兴趣, 心血来潮地买了大约十二个月的分量。我不完全确定当时我在想什么, 毕竟为过去的某一个决定悔恨的次数太多了就会扭曲自己对原本想法的记忆。我可能得到了关于我们刚起步的批发业务蓬勃发展的信息, 或者我可能知道了我们马上就要新开两到三家咖啡馆, 但最终没有开。几个星期内, 我就知道我犯了一个错误。

在这种情况下您会怎么办? 我所做的就是每隔几周就拿几袋咖啡, 整整持续了一年, 直到我们最终痛苦地将所有的咖啡豆都烘焙完。正如您所能想象的, 最后几周的咖啡味道没有最初那几周好了。

事情过了之后, 我向进口商解释说, 我不应该买那么多, 他就事论事地告诉我说我大可从一开始就告诉他, 不需要那么多, 他也不会因此而紧张惊慌。我当然不建议您经常这样修改订单, 但我最终消耗完咖啡的时间比他预计的要长，这就延迟了他收到货款的时间。这对我们双方来说都是一个失败。如果我意识到自己犯了一个错误，直接说："嘿，这咖啡太多了。"如此一来，进口商就可以把它卖给另一个买家，我就可以避免一年内消耗着品质越来越差的咖啡。

遗憾的事情总有发生。其中有些是您的错，更多的不是您的错。无论是谁的错，与您的供应商沟通协商好，他们会理解的。您会树立起一个值得信赖的客户声誉，而这将在许多方面使您受益。

毫不夸张地说，以黄金法则（"您想让别人怎样对待您，就怎样对待别人"）的心态建立您的供应商关系是多么地重要，并且不要滥用他们愿意缓和尴尬情况的好意。这件事的重要性再怎么强调都不为过，在已知的合理品质范围内送来的咖啡就是您的咖啡。或许您可能会推卸责任一两次，违背采购咖啡的承诺，但如果您一直苛刻供应商，他们会寻找新客户来取代您。

虽然您每次都应该按时付账单，尽快签署合同，并妥善管理库存，但您并不总是做得到。一旦您知道有问题，请立即与您的供应商联系。在您错过付款截止日期之前给他们发电子邮件，过后再发一次。最让供应商害怕的是，当您错过了付款的最后期限，他们还没有收到您的任何信息。

※※※※※※※※※※
何时向供应商提供建议
When to Give Adive to Suppliers
※※※※※※※※※※

如何将您广泛学到的知识传达给您重视的供应商？

在某个阶段，您将会到许多咖啡庄园，并开始对自己作为知识渊博的咖啡寻豆师这一角色充满了信心。您会注意到人们的行为模式，也会听到一些咖农的言论，讲述他们为什么要用某种方式做某事。您将开始预测咖啡庄园、水洗站、晒豆场等种种会影响到咖啡品质的重点层面。这很好。

然而，这种预测的实现将带来信心，而信心会导致狂妄自大。如果在购买业务上花了足够的时间，您会不可避免地想要给生产商一些建议，但我劝诚您谨言慎行。

就拿我的例子来说。我早期出差采购有一次去了危地马拉萨卡耶普埃克斯的一个咖啡庄园。有位住在危地马拉城的好心人招待我去了他的咖啡庄园——主要是出于他的爱好。我们在咖啡庄园里散步，在处理厂里待了很长时间。他向我展示了发酵槽，它们是混凝土材质的。我心里一紧，那时我还没去过那么多咖啡庄园，但不知怎的，事后看来这似乎更加荒谬可笑。在我最初的几次咖啡庄园拜访中，给我留下深刻印象的是在发酵池铺设白色瓷砖。人家告诉我，是因为瓷砖更容易清洁，而白色更不容易隐藏污渍。相当合理的推论，而且许多优质的湿处理加工厂确实使用瓷砖发酵池。

那位咖啡庄园主问我，有没有什么地方可以改进。可能是因为我一直摆着一张臭脸，这时的我已经无法控制自己半罐水的兴奋之情，急切地想表现自己懂的那点东西，他看出来我的渴望：我知道一些事情。我就说他应该考虑用白色瓷砖铺设他的发酵池。

给出这个建议似乎还不是最糟糕的，我的意思是，他问我的意见，对吧？我已经通过竞标从这个生产商那里买了咖啡。但我想强调的是，我是一个新手寻豆师，对咖啡庄园和处理加工厂几乎没有多少了解，而且我们几乎没有任何交情。我并不委婉"先生，我去过的加工厂两只手就数完了，但我想告诉您我认为您应该……"我直接就说了出来。我根本不知道用白色瓷砖平铺发酵池要花多少钱，甚至不知道这是不是他需要做出的最紧迫的改变。据我所知，他在咖啡还湿的时候把咖啡装袋了。我只看了过程的一小部分，然后发现了一个偏离某种模式的做法。

那么我应该提供什么建议才恰当？或许只能说我对之前买的咖啡很满意，而我对咖啡生产太不了解，无法对他的方法提供任何反馈，但我很乐意继续提供我的杯测结果，这我更在行。如果他问我在其他地方看到过什么做法，我也可以告诉他白色瓷砖铺就发酵池，但是会更注意我的语气，提醒他我不知道它们是否有用或具有成本效益。

好了，足够自嘲。现在我告诉您一个"什么时候适合给咖农建议"的指南：永远不要。

我似乎也是在开玩笑，但也不完全是，以下是真正合适的时机：

① 您是一位专门从事咖啡种植的农学家。是的，但您可能不是。

② 您已经拜访超过一百家咖啡庄园、干处理加工厂、湿处理加工厂。在这个时候，您见识已经够多。想必学到的也够多，您可以快速了解咖啡经营中所有重要的生产、加工处理和准备方面，以及它们对最终产品的重要性。

※

③ 您固定从某个咖农那里买咖啡，并与对方合作至少

28

两年。跟对方买过咖啡并且已经合作过几年，您对此种咖啡就算半个专家了。这意味着您已经多次在收获期烘焙和品尝它，而您的持续参与也意味着您作为付费客户拥有有效的观点。

④　他就一个您碰巧知道的特定问题寻求建议。例如，如果那个生产商问我，您认为我的发酵池是完美的吗？您在其他地方看到了什么？我才有理由告诉他我在其他水洗站看到的情况。

如果您不符合这些条件之一，请在提供建议时附上那句重要的免责声明。即使您符合一个或多个条件，也要提到您不符合的条件，委婉地作为前言："我不是一个农学家，但我去过很多咖啡庄园，我注意到其他生产者似乎很乐意这样做……"

※※
采购量预估
Forecasting
※※

您如何确定要买多少咖啡？

多买还是少买，哪个更好？

2011 年夏天，商品市场的咖啡价格创下了数十年来
未见过的高点。一些生产商没有按照规定交付合同，
可能是卖给了其他报价更高的买家；一些生产商索
要更多的货款，导致许多交情都受到了伤害。我当
时在树墩城工作。在一次风险投资支持的收购后，
公司预计将出现快速增长。我们被告知，需要为尚
未开业（和计划外开业）的咖啡馆准备咖啡，大量
的咖啡。

当时还不清楚价格会怎么变化，一家独立进口商的老板在一
篇博客中写道：以高价买进也好过拖延到您完全绝望才发现
市场价格更高。虽然他毫无疑问地注意到，由于买家预期泡
沫破灭会导致销售放缓并倾向于激励客户"现在买进"，但
他鼓励烘焙师照常经营并没有错。

而我们在树墩城就是这样做的，我们买了很多咖啡，
买得太多了。那些计划外的咖啡馆没有开成，一年
后我们还盯着长得要命的仓位——也就是仓库里有
大量的咖啡生豆，上面挂着我们的名字，还有更多
的是记在账上，或者是签约要卖给我们。我们眼高
手低，消耗不了那么多货。几个月内，我们的采购
团队花了比采购咖啡更多的时间试图把我们的库存

咖啡卖给眼光不那么敏锐的烘豆商。当我们放弃合约或者减少合约时，我们与供应商进行了非常尴尬、难堪的对话。

在需要时买进优质咖啡只需几天即可（致电进口商，索要样品，做杯测，选出最好的——或者最不糟糕的——然后将其运送到烘豆厂），但是要全部烘焙完可能得花上十几个月。因此，纠正买太少的情况可比纠正买太多的情况容易得多。

一个人决心在一大堆良莠不齐的咖啡中寻找最好的咖啡，他就有可能超额购买。即使采购量已经充足，但是要放过优质咖啡确实很难。在杯测桌上遇到了好咖啡，您就会点头下单。无论您觉得"烘焙着最后一批令人惊叹的咖啡，恨不得当初多买一些"这样的情况有多痛苦，但是"盯着还有六个月分量的咖啡时，您只希望您从来没买过"这样的情况其实更糟。

不赘述这一点，但如果您不喜欢一种咖啡买太多的感觉，情况会变得更糟。您的烘焙师、咖啡师和销售团队不得不兜售那些差劲的咖啡，士气会不断往下掉。缺乏选择性会让您的顾客感到无趣，从而削弱了您在产品表中投入的大部分精力。您的供应商，尤其是您的进口商，会感到紧张不安。在美国，常见的做法是咖啡从仓库拉出来才付款（实际上是 30 天后）。这意味着您的进口商不知道什么时候才会拿到钱。最后，咖啡变得更加昂贵，每年的融资率实际上达到了 12% 到 18%。唉呀！

当烘焙业务快速增长时，人们很容易认为增长将继续或进一步加速，但实际上可能不会，人们很容易忘记潜在的限制。例如，即使需求确实与您的购买保持同步，其他东西也可能让您无法消耗掉购买的所有咖啡。也许您只有一台 12 公斤的烘豆机，或者您的团队中只有一个烘豆人员。又或者，您只有 1 000 个 12 盎司装的公司品牌包装袋要撑过接下来的两个月，而您的装袋机每分钟只能装 6 袋。

无论是什么限制，要熟悉执行团队和设施的实际情况，并知道大概的时间表以便做调整。当然，您可以购买新的烘豆机、雇佣新的烘豆师或者购买第二台、第三台装袋机，但这些东西既不便宜，也不是一夜之间能做到的。（就金钱和时间而言，一台新的烘豆机可能是最昂贵的。）

不管是什么原因，如果生产跟不上供应，咖啡可能在用完之前就会失色太多（这一点可以参考本书第21章）。好的品质消失了，一堆坏品质浮现，而您只能眼睁睁地看着自己用这些咖啡烘焙上几个星期，有时候甚至几个月（而且有时可能是好多个月）。它们就像不会离开的顾客，它们已经死了，却还活在您的产品表上。它们是咖啡僵尸。

※ "3-6-12" 方法 ※

如果您不看本书的其他内容，也要看这一句：通常来说，预测您消耗咖啡的速度——不会更多，有时反而更少。如果这还不够好记，我会用另一种方式跟您说：在做出购买决定时，不要为增长做计划。

记录您当前的消耗量，要很清楚地掌握。知道何时增加和减少，以及为什么。预估您每周会消耗多少咖啡。如果错了，尽量精准找出原因。找咖啡馆经理谈话、批发团队谈话，或其他任何可能有答案或精辟见解的人。

在预测方面，我相信 "3-6-12" 方法。运作方式大致如下：

〔3〕 能取得接下来三个月分量的咖啡。这并不意味着您在这三个月内不会烘焙其他咖啡，也不意味着您要在三个月内把它全部烘焙完，但是不管如何，您都需要有三个月分量的咖啡生豆可以进行烘焙。

〔6〕 掌握您接下来六个月的咖啡到货时间和合约。为确保您能够快速预测可能会影响您采购咖啡的问题，请每隔几周检查您签约咖啡的进度，并与您的供应商讨论他们的物流进度。即使是最善于沟通的供应商有时也会忘记通知您发货延迟，甚至忘了通知您货物已经送达。曾经有一个进口商在咖啡到货三十天后才告诉我咖啡已经送达。虽然这并不值得称赞，但我的确可以通过更频繁地与他联系来改善这种情况。这种确认很简单，仅仅要求您的"仓位报告"就会透露很多这方面的信息。安心请他们解释，因

为仓位报告都是让人不太懂的行话和速记缩写。

〔12〕　与您的供应商一起规划十二个月后您想要什么咖啡。由于大多数生产者都是一年一收，因此当他们目前的批次要收成时，很快就会有人找来。务必准确地告诉他们您可以承诺采购多少咖啡。记住：以后多要一些是可以的，但是告诉他们您无法买下之前承诺的是绝对不行的。当您承诺时，是在要求他们根据您的承诺拒绝别人的出价。违背诺言会损害您的声誉，而这种声誉是伴随您整个咖啡职业生涯的。

对于这"3-6-12"方法的每个要素，您必须准备在出现短缺或者咖啡过量时立即做出反应。如果您的库存不足，请与供应商联系。如果您的三个月计划告罄，这可能意味着您必须联系进口商或其他当地的咖啡供应商。如果您十二个月的计划量不足，这可能意味着您必须与产地附近的供应商合作，例如生产商或出口商，或者愿意和您签订长期合约的进口商。

如果您发现自己采购了太多咖啡，则需要采取更积极的态度来避免再次陷入这种境地。人人都愿意帮您购入更多的咖啡，很少有人愿意帮您出手咖啡。如果接下来的三个月您有太多的咖啡库存，您必须判断是否能将其中的一部分分散到您的六个月计划中。如果您的预测很精准，那问题应该不会太严重。在六个月和十二个月的计划中，额外的咖啡比较容易处理，因为您有更多的时间来分摊多余的咖啡。立即减少您的十二个月的预测，如果您在六个月的合约上有回旋的余地，斟酌出合适的选项来减少您承诺的量。如果您超额承诺得太多，请立即联系供应商处理这种情况。如果您已经承诺购买一定数量的咖啡，而又没有做出适当的反应，可能会对你们宝贵的交情造成无可挽回的损害。没有一种方法可以纠正这种情况，但我建议您采取迅速、果断的行动，以便您尽快恢复良性采购。

一旦您知道您每周烘焙了多少咖啡豆，以此来预测"3-6-12"的数量。如果您目前每周烘焙 1 000 磅的生豆，您大概希望烘焙厂或仓库有大约 1 3000 磅的豆子，供接下来的三个月之用。如果您没有那么多库存并且在接下来的六个月内没有太多的货到岸，请与进口商联系寻找现货以保障三个月的量。切记，即使您有一堆咖啡应该在一两个月内到达，也有可能会发生延误，而且当您所在国家或地区的海关决定查验您的集装箱时，您是无能为力的。这种事不常发生，但任何国际货运都有可能遇到。我就碰到过这种倒霉的情况，迫切需要立刻拿到咖啡，结果却忧伤地接到进口商的电话，无情地通知我货柜要接受随机检查，到货时间至少延误两个星期。

※ 稳扎稳打 ※

如果要说我这个在历史性的市场价格高峰期间超买的树墩城故事，还有什么教训是可以学习的，那就是：试图把握市场时机并不是寻豆师该做的事。寻豆师的工作重心是满足客户和采购最优品质的咖啡。我们相信价格会走高，所以积极购买以保护我们的利益，担心如果等到时机过去，会发现在六个月后市场更高了，自己手上却没有咖啡。但我们错了，这让糟糕的情况变得更糟。

※ 不要过度考虑市场 ※

除非您之前是个成功的商品交易员，那就坚持自己的预测方法并尽量不理会价格的波动。您可能会错失一些机会，但也能避免一些陷阱。最好的规避方式，就是不跟市场对赌。根据您的需求，只买您需要的产品。

※ 基于价格的预测方法 ※

如果您提供的产品表价格多变，生豆成本对于顾客看到的价格有强烈影响，您可以根据成本进行预测。价格相对低的咖啡比价格高的咖啡卖得快，这并不令人意外，但是您要怎么建立您的模式？在瑞图尔的时候，我们的大部分产品表都是由价格不定的单品组成的，我希望每个产品表都能持续两到四个月，而不管价格如何。我发现整批次价格是衡量一支咖啡在库存中放多久的最佳指标。也就是说，成本同是600美元的批次，大约会在相同的时间内卖完，无论是每磅4美元的生豆150磅，每磅2美元的生豆 300 磅，还是每磅 6 美元的生豆 100 磅。

多多少少，越是偏离"标准"定价，公式就越没那么有效，尤其是在量更大的情况下。无论 20 美元／磅的生豆有多好，您可能也会发现即使以您必须收取的价格出售一袋 60 公斤的生豆也很困难。不管每磅 1 美元的生豆有多好，您都不会突然有足够的顾客来消耗掉 24 袋 60 公斤的生豆。（为什么不应该买进每磅 1 美元的咖啡，以及和贩卖每磅 1 美元的人合作，另有原因，但那又是另外一件事了。）

※※
样品
Samples
※※

咖啡样品有哪些不同类型？它们分别代表什么？
日批次样品、类型样品、产品报价样品、
出货前样品、到货样品、现货样品
——所有这些术语是什么意思？

※ 日批次样品 ※

日批次样品代表一天收获的咖啡的试验部分。每日样品的独特性在于其对收获地点和处理条件的特点的展现，包括土质、树木品种、畜牧业、成熟度选择、加工处理、发酵、日晒干燥等。

日批次的样品让杯测师有机会品尝和评估单次收成中极少数的一部分，从混合在一起的大量的、整体的地块批次中分离出特别出色的地块批次。这样就能找出特别优质的咖啡成为"微批次"，或者为调配综合拼配豆选出合适的好咖啡。同样重要的是，日批次的抽样有助于识别出劣质咖啡，避免它们混入大批次当中。

※ 类型样品 ※

类型样品几乎与日批次样品相反。类型样品仅仅试图展示一支咖啡的味道体验，并不作为可供购买的咖啡。对于跟大型采购者合作的供应商或中间商来说，类型样品很方便展示他们在不同价位的产品。

可以想象，对于供应商而言，成功找到符合采购要求的类型样品的能力至关重要。这需要在昂贵的批次的成本与廉价的批次的品质损害之间找到平衡。

※ 产品样品 ※

产品样品是可供您采购的豆子，在任何采购阶段的都可以，无论咖啡产地是哪儿。不过，对于不同类型的供应商来说，其代表的意义略有不同。

从生产商或出口商的角度来看，产品样品就是从最近收成的咖啡中拿来试验的一部分样品，经过加工处理并手工挑选，以便引起采购者的兴趣。它类似于发货前样品。

而从进口商或国内中间商的角度来看，产品样品本质上就是到货样品。会提供给打算购买该批次（或者其中的一部分）的人，就看手中握有货物的出口商或中间商打算如何安排。

※ 发货前样品 ※

发货前样品代表了去壳和分拣筛选的咖啡。脱壳去除羊皮纸（内果皮），分拣去除瑕疵豆，并产生大小标准、尺寸统一的整体批次。

一旦您认可了发货前样品，原则上就很难取消购买了，因为该批次咖啡基本上已经被划归您所有了。

※ 到货样品 ※

当咖啡送达时，您可以期望（或要求）您的进口商向您转发一份到货样品。此样品是要确认运输顺利且质量没有显著变化，并且也以此通知您您的咖啡已准备好交送给烘豆厂。

对于发货前样品与到货样品，您该预期两者的分数和品质是一致的，因为它们应该代表同一批次、同样的调配组合。如果样品有差异，要尽快通知出口商和进口商。

※ 现货样品 ※

虽然咖啡采购令人联想到的就是出差去见供应商，以取得最终的产品，但有时您需要生豆马上出现在您眼前。进口商和其他中间商在本地现成可得、能立即出货给急需者的咖啡，就是现货样品。

※ 我的日批次采样初体验 ※

我的第一次"产地之旅"是以一种不可思议的方式展开的。

瑞图尔刚开始烘焙一些他们自己的咖啡，此前他们只提供树墩城烘焙的咖啡。偶尔，树墩城的杜安·索伦森会来旧金山。有一次他在瑞图尔的咖啡馆喝了一杯意式浓缩咖啡，提到他当天要去洪都拉斯。这并没有什么新奇的。杜安常常去中美洲，中途会在旧金山停留。当天晚些时候我和一些同事去附近一家墨西哥餐厅吃饭，我们聊起了怎么设计瑞图尔的第一款意式浓缩综合豆咖啡。杜安正好和一名朋友也在那家餐厅吃饭，还买了一壶玛格丽特酒请我们。而在我们开怀畅饮的时候，他到我们的雅座坐下，跟我们聊起我们应该怎么设计一款意式浓缩综合豆咖啡。

玛格丽特酒和流逝的时光将这段记忆溶蚀了大半，但在过程中，杜安邀请我和他一起去洪都拉斯。我至今仍无法确定他是否真的邀请我去。虽然他可能真的是有这个意思，当时我不知道出差是多么孤独寂寞，能有个同伴一起简直太好了，特别是一个话不多的人，如果对方还能和您一起给大量样品做杯测，那无疑就更棒了。无论如何，在与瑞图尔老板艾琳简单通过几次电话后，我同意跟杜安一起去。当时大概是下午 4 点，我们计划午夜时从旧金山起飞，所以我根本没有时间细想这趟旅程，或是细究自己的情绪状态。幸好，我有护照（里面一片空白，因为我之前从未出过国）。我收拾好我的邮差包，完全不知道需要带什么，但抱着乐观的期望。那次行程，至今仍然是我一直以来事前准备最少的一次。

那趟旅程快速而高效：周六早上抵达，我们整个周末杯测了一大堆咖啡，然后在周一早上飞回家。如果当时我够幸运的话，甚至还能去参观一个咖啡庄园。值得一提的是，我们那次杯测的绝对不是什么无名咖啡，它来自著名的卡巴列罗 - 赫雷拉（Caballero-Herrera）家族及其庄园——洪都拉斯马尔卡拉的彭特庄园。卡巴列罗家族是我从事咖啡采购工作以来遇到过的最亲切的、最精明能干的咖啡生产商之一。

他们在圣佩德罗苏拉（San Pedro Sula）机场迎接我们，开车带我们前往当地一家干处理加工厂（日晒干燥过的咖啡被送到这儿脱壳去除羊皮纸、挑选分拣、装袋，并装进货柜），在那里，我们受到了小组杯测师和实验室助理的简短欢迎。工作人员已经摆出一桌八种样品等着评鉴，我们寒暄着说笑了一会儿。我和杜安完成第一桌样品的杯测，继续杯测第二、第三和第四桌。我们那天杯测了超过七十种样品。

我从来没做过那样的事：七十种样品，全部来自卡巴列罗家族的庄园。我们将这七十种削减到我们的上限二十种，并在隔天上午再次杯测这二十种，然后前往庄园拜访并过夜。那么，为什么会有七十种样品基本上来自同一个咖啡庄园？同一个庄园不应该只有一种样品吗？

21世纪初期的一波运动是由卓越杯（Cup of Excellence）发起的，特别是乔治·豪威尔（George Howell），他虽然能够精准锁定品质绝对顶尖的生豆，但他却是一个相对采购规模较小的买家，无法买下大批量的中美洲咖农的收成，于是他说服咖农把每天收获的豆子分开给他杯测，这样他就可以选择他最喜欢的了。

在大多数生产国中，咖啡是一年一收。（赤道国家，主要是哥伦比亚和肯尼亚，会遭遇雨季，所以能够一年两收。）收成期动辄一个月甚至持续更长的时间。咖农通常从海拔最低的咖啡庄园开始收割，然后慢慢移到海拔更高的地方，因为海拔较低的咖啡浆果比咖啡庄园顶部的咖啡浆果成熟得更快。传统上，咖农会混合来自咖啡庄园不同日期和不同地块的咖啡，因为大多数买家都是采购咖啡后以货柜运送。每个货柜约40 000磅，容纳250到320袋（取决于袋子大小），而不是像25袋这样的小批次，更别说是只有几袋了。

日批次抽样颠覆了传统抽样系统，为买家和供应商都带来了好处。

对于寻豆师来说，这意味着能找到品质绝佳的豆子，如果完全混合，其细微差异就会消失不见。这相当于从产出中精挑细选出最优质的咖啡，然后再将剩下的混在一起，供不那么讲究的采购者购买。这通常还意味寻豆师要更深入地了解一种咖啡样品是出自咖啡庄园的哪个部分、哪个品种以及采用什么样的处理方法。

这些细节对咖农也很有用。如果咖啡庄园的某个地块、树种、工艺或处理技术的独特之处，产出了更理想、更有利可图的咖啡，那么它可能可以应用于咖啡庄园的其他部分。当您混合了所有咖啡时，您只会了解咖啡庄园的整体概况和特征，没办法那么清楚地知道如何将庄园的品质最佳化，而日批次抽样会源源不断地提供学习的机会。

我从日批次抽样中学到的东西可能比其他任何地方都多。日批次抽样提供了难得的机会，让人得以在关键场合——杯测桌上——看到许多变量在发挥作用。卡巴列罗家族深谙此道，并充分运用到咖啡庄园，带来了年复一年的采购者，每年来此杯测，源源不断获得他们想要的豆子。还将许多竞争对手竞相争夺的豆子变成了差异化的产品线，每个买家都有机会挑选并构建他们的彭特庄园批次。我和杜安杯测并选出树墩城的彭特庄园系列之后，彼得·朱莉安诺（Peter Giuliano）出现，并挑选了反文化咖啡（Counter Cultured）的彭特庄园系列，同样对结果感到非常满意；树墩城和反文化咖啡都确信他们找到了自己想要的产品，且它们与众不同。

● figure 05，page75

● figure 06，page76

日批次抽样是优质采购的基础，而杜安 [以及来到彭特庄园的其他采购者，尤其是知识分子咖啡（Intelligentsia）的杰夫·瓦兹（Geoff Watts）] 和优质生产商如卡巴列罗家族合作得相当愉快顺利，有利于让他们看到提供日批次样品给所有人带来的价值。

2007 年时，我并不清楚其实很少有其他供应商会做日批次抽样，这让我沮丧了好几个月。在那第一趟旅程后，无论我走到哪里，我都劝说供应商向我展示日批次的样品，即使我的要求能得到理解，他们也无法满足或不愿意满足。大多数供应商都有自己的做事方式，他们想要的是客户，而不是合作伙伴。我当时认为这是一个巨大的障碍。事后看来，这是我确定供应商是否适合瑞图尔的一种非常有效的方法，让我以此判断该供应商是否能做瑞图尔的好搭档。

如果您发现自己渴望让供应商给您日批次样品，请记住以下几点：

① 不必要求对方一次就贸然投入。您所需要的只是少数地块的当日批次样品用来杯测并确认。我最喜欢的咖啡师之一亚历汉德罗·瓦利恩特，在我和他一起工作的第一年，也只给我了二十还是二十五种样品。起初，他对我做日批次样品杯测的要求心存怀疑，所以他只从他为数不多的几个咖啡庄园中的一个咖啡庄园中分离出样品。他看到了我对不同样品的反应，他才确信要继续做这个事情。

② 强调日批次样品能提供的学习机会。如果说我认识的所有专业咖啡人都有些什么共同的特点，那就是他们对学习的持久兴趣。日批次抽样就像类固醇，能帮助您快速学习咖啡生产过程的所有层面。如果您无法说服优秀的供应商每次都区分出日批次，那么就让他们相信"值得试验一两次以获得杯测意见反馈循环的价值"，或许就能说服他们。

③ 尽量多少买一点。如果您什么都不买，说得再多或者强调杯测分数的高低都没有任何意义。有一句陈词滥调这样说的：用您的钞票投票！尽管老套但很有道理。也就是说，在供应商愿意提供日批次样品之前成为他的客户。毕竟，如果您没有表现出购买意愿，供应商就很难认真对待您。

④ 多少买点，但也不必太勉强。近年来，日批次抽样已不再是十年前那么新鲜的事物了。面对那些不提供日批次抽样的供应商，如果他们的邻居愿意为您额外分出日批次，那么您向他们的邻居购买，也算是用您的钞票投票了。

※ ※ ※ ※
样品处理
Processing Samples
※ ※ ※ ※

如何管理和准备样品？

杯测可能是咖啡寻豆师会做的最典型的事情，仅次于前往热带地区的异国他乡出差。我记得有很长一段时间我总是随身携带一个杯测勺，以防紧急需要杯测的情况。（旅行时随身携带杯测勺给我带来了一些麻烦事，要详细给安检解释这个令人尴尬的细节。"先生，您为什么背包里带这么大个勺子而没有其他餐具呢？"我说的就是您，哥伦比亚内瓦机场保安。）

现实中，杯测是身为寻豆师最常反复做的事情，即使您已经让供应商清楚了解您要在咖啡中寻找什么。

本章可能会引起读者对这一套程序的揣测和质疑，所以我要提前说，您的目的是尽可能不考虑任何条件地评鉴咖啡——客观且没有偏见——并用这样的资讯斟酌您的采购决策。其他的一切都是卖弄。

※ 样品的分类和分级 ※

① 记录供应商提供的样品份数，以便后续沟通。使用你们内部参考用的编号也很有帮助。例如，一家咖啡出口商给您样品 CE-1234，而您自己的烘豆厂可能有自己的编号比如 RC-5678。在所有进一步沟通中，双方

的编号会有所帮助，方便您稍后和供应商检查参考。

② 检视含水量和水活性（water activity）：知道如何处理这些数字并不是最重要的，如果您有设备，就用设备测量。同一支咖啡样品之间这些数字可能存在显著的差异，可能会影响您的感知结果。不过，说实话，我有时看到这些数字有相当大的差异和变化，但实际上对杯测质量或咖啡生豆的储存期几乎没有影响。

● figure 07, page77

● figure 08, page78

③ 称出约 100 克的生豆，对生豆进行分析，注意颜色、外观和其他属性。参考国际精品咖啡协会（Special Coffee Association，SCA）的《生豆瑕疵手册》（详见本书的第 24 章），但我要简单说明一下：大多数豆子应该是均匀的浅绿色，没有银皮，也就是没有附着在豆子表面薄纸般的闪亮薄膜。生豆不应该有太多的（咖啡果小蠹虫所导致的）小孔或变色太多。

※ 烘焙样品 ※

① 烘焙时间会有所不同，具体取决于您的机器、批次大小、大批量生豆细节和其他因素。我通常用 Probat 样品烘豆机来烘焙我的样品，但我对捷贝兹 - 伯恩斯（Jabez Burns）也有一些经验。如果用前者，我的烘焙时间通常在六到十分钟之间；如果用后者，则在七到十一分钟之间。烘焙应该达到或超过一爆（first crack），这取决于您的发展时间，但不需要达到大量商品烘焙的程度。判断豆子的内在特性，较浅的烘焙会比深度烘焙更成功。另外，样品烘豆机的结

果永远不会与商业烘豆机的一样。如果您用商业烘豆机做样品烘焙（可以这样做，但需要一些练习），我建议火候比商业烘焙略浅一些，除非您通常烘焙得很浅。

② 对您的样品进行称重，测量流失的重量，如果之后有问题，记录流失的重量偶尔会有所帮助。

③ 检查烘焙的成果中有无未熟豆，也就是明显比其他咖啡豆更轻的豆子，那是咖啡浆果没有成熟造成的结果。

※ 杯测 ※

① 烘烤后十二至四十八小时内，称出两到五个小杯每个烘烤样品。我建议是每 12 克添加 200 毫升水，或每两匙 7 盎司水。

② 开始每个样品组的杯测，先用豆子快速"清洗"一下磨豆机（每种样品杯测前，都要浪费一些豆子去研磨以清洗研磨机，以便保证每种样品的纯度）。再每杯单独研磨，研磨度为粗盐颗粒粗细，这通常是大多数商业研磨机的中间刻度，如果不是就稍微细点。

※

③　嗅闻每种样品的每一杯，注意香味的强度，以及是好的香味还是不好的香味。好的香味应该让您想起甜的东西，比如焦糖、巧克力、蜜饯、坚果，可能还有成熟的水果。不好的香味可能包括过熟的水果、蔬菜或无机物。（2006 年洪都拉斯卓越杯有一个传闻至今仍然让一些买家们对那个国家敬而远之：大量抵达美国的咖啡豆散发出强烈的石油气味。最后确认是咖啡豆用了有石油气味的廉价袋子装运。）

④　将接近华氏 205 °F（摄氏 96 ℃）的水冲泡咖啡粉，利用倾泻而下的水流力量浸透咖啡粉并搅动咖啡粉。当您开始倒水时，按下称重器上的计时器从零开始计时。

⑤　快速完成一整桌的样品，不要过度搅动杯子，像评鉴干香（dry fragrance）一样评鉴湿香（wet aroma），注意有无明显的差异。您可以简要记录您的观察心得。

⑥　在开始倒水约四分钟后，用汤匙或杯测勺在冲泡过程中拨开冲煮时形成的浮沫和浮渣。您会听到许多其他咖啡专业人士的诀窍，告诉您应该不应该拨开咖啡浮渣。如果您彻底拨开浮渣，留下最少量的漂浮咖啡粉，而且是几秒钟之内就做完了，那没事。没错，如果您用杯测勺一直搅动到底，那也没有关系。关键在于您的动作要一致，并且您在进行杯测时，鼻子要尽量靠近杯子，这样才能有另一次更强烈的香气评鉴机会。我通常会做三个动作，从离我最近的杯测部分开始，用杯测勺从我的方向往外推，然后将它朝我的方向扫回来，最后又再次往外推。我一直是这样做的，以至于我可以熟练到在睡梦中

都能做到这一点。（幸好，这不曾发生过——至少据我所知没有。）

⑦ 在倒水后的十二到二十分钟之间，根据您杯测周围环境的温度，开始品尝咖啡。问题不在于时间，而在于咖啡多久能冷却到可以品尝的理想温度。这意味着您可能需要在较温暖的杯测环境中等待更长的时间，而在较凉爽的杯测环境中就会快一点。如果您在倒水和撇去浮渣时有注意香气，那么在咖啡太烫时品尝就没有什么价值了（或没有什么必要了）。理想的品尝温度是比您的体温高一点。如果您品尝太多次，您的味觉和专注于风味的能力可能会疲乏，因此请注意在大约二十五分钟内对每种样品进行三次不同时间点的评鉴。

⑧ 如果您有幸和别人一起做杯测（我推荐两个或三个人一起杯测），万一有意见不一致时或者要讨论时，趁着咖啡还够热可以再次评鉴，尽量和其他杯测师一起做最后的评测。

※ 共同杯测者的重要性 ※
设法与他人一起杯测。您当然可以自己杯测，但是听取别人对一杯咖啡或者样品的意见——甚至是和您不同的意见——是非常有价值的。不同的观点可以帮助您辨识或默认赞同。我曾经在大约一整年的时间都跟同样的两三个人一起做杯测，到最后我们成了合作无间的样品处理团队，我们可以预先知道各自喜欢或不喜欢什么，当我们猜对时我们欢喜，当我们猜错时，我们能学到最多。看看您的合作杯测师，得到他们一致的意见，不管这意见是赞成还是反对。

※

※※※※※※※
做笔记并分享结果
Taking Notes And Sharing Results
※※※※※※※

您如何与您的同事和供应商交流杯测结果？

作为一名咖啡寻豆师，您必须在杯测时做好笔记，以便与您的供应商、同事、潜在客户和未来的自己交流。笔记可作为有用且重要的书面记录和日志，记录您如何体验和评价咖啡。

杯测时做记录有几种方法可以使用。有些杯测师会采用精品咖啡协会（SCA）的表格，有些杯测师更偏好卓越杯表格，还有许多人则创建专属或客制表格。上述前两种标准表格在记述甜度、瑕疵、香气和香味方面有很大差异，但就您的目的而言，表格的具体细节并不太重要，精品咖啡协会和卓越杯的表格都是一百分制，重点通常在豆子酸度、甜度、醇厚度以及干净程度。在任何情况下，您都可以遵守或不遵守表格的格式。

我第一次在表格上为一堆咖啡打分，是在 2008 年"最佳巴拿马"担任评委。该比赛使用的是 SCA 表格的一个版本。我有一套自己的工作模式，比如对 82 分、86 分和 90 分的味道该是如何，我心里有数。但我以前从不需要靠单个个别属性的分数加起来算总分。我开始评鉴香气、香味和甜度，并对瑕疵进行扣分，但最后得出的分数就是不对。这是一支又好又干净又甜的咖啡——79 分；这支咖啡还行，但似乎又有点不一致，冷却时酸度就散掉了——87 分。我气急败坏地找地方上下挪动数字，好让分数更精准地落在比较合理的位置上。
这就牵涉到许多涂涂改改和计算。

  我第二次在表格上为一堆咖啡打分，是在 2008 年萨
尔瓦多卓越杯当评委。当时我的做法恰恰相反。卓
越杯表格有八个评分类别，每个类别 8 分。（每支
咖啡都从 36 分开始起跳，前提是样品中没有缺陷的
杯测基本分。）我从最后的分数开始，拼命计算哪
些属性加起来能得到那个数字，虽然情况有所好转，
但我的评分仍然有些令人不快的人为痕迹。

我最终在表格上迈出了一大步。我发现每个部分的平均分是
86 分。在我采购咖啡的整个过程中，这成为一种基准。我拿
每一个属性问自己，这像是 86 分的甜度吗？是更高还是更
低？这像是 86 分的酸度吗？这像是 86 分的醇厚度吗？等等。
这样做效果出乎意料地好，最后我发现我的最终分数和我最
初的直觉反应最多只有大约半分的差距。

  随着时间的推移，我磨炼了自己的技巧，现在我可
以很轻松地为一杯咖啡打分。我有信心不管基准如
何，每次评分都相去不远。（一个有基准的小说明：
基准极其重要，我宁愿随便挑个基准，也好过什么
都没有。我的意思是说，我宁愿杯测一种咖啡并和
另一种咖啡作对比，不管是什么样的品质，也好过
什么对照都没有。比如地理定位，这在很大程度上
取决于三角定位。当您可以相互比较对照时，打分
最准确。如果您有两支 86 分的咖啡，有其他情况记
录和特征可以对照，就会比较容易精准确定特定样
品的品质。）

随着我越来越多的杯测经验，我开始用以下问题来作为我的
评鉴指南。

①   这支咖啡的分数是多少？

②   从这支咖啡的香气、风味、甜度和醇厚度来看，又
    有哪些感官和知觉特性？

③   按照我们的产品供应理念和品质标准，我是否应该
    考虑购买这支咖啡？

※ 共享结果（外部和内部）※

当您在做杯测时，仔细做笔记，这样才有数据与供应商、同事以及客户分享。将笔记和分数（以及赞成／反对的情况）与生产者、出口商和进口商分享，有时是同时给这三者，这一点至关重要。

即使赞许或反对不是必要的，对于那些在供应链中为一杯咖啡辛勤工作多年的人来说，听到咖啡处于令人满意的状态时也是非常高兴的。它向我们传达了一个强有力的反馈信息，即您所说的质量和关心并非应酬的话，您很重视为生产出这么好的咖啡所付出的努力，也让供应商知道他们的咖啡旅途安全。这不仅仅适用于生产者，同时也让出口商、进口商和任何协助咖啡顺利抵达的人知道这个讯息，没有人喜欢只在事情进展不顺利时才联系的客户。

我建议您的信息要尽可能透明。如果您和多数烘焙师一样，把供应商称为"合作伙伴"，那您更应该如此。如果咖啡比您预期的好，告诉他们；如果烘焙有问题，告诉他们；如果您的杯测仓促草率，告诉他们。告知他们杯测分数，以及是谁打的分。如果您的供应商一直合作的寻豆师此刻正出差在外，而且没有做杯测，也应该告诉他们。

另外，为未来的您自己做笔记。从您第一次杯测一支咖啡的产品样品，到杯测大量烘焙的咖啡，可能过了一年或者（不幸的是）更久。即使在购买过程中，您也可能杯测一个刚从日晒干燥台上取下的样品，一个月后杯测出货样品，几个月后再杯测到货样品。您最好期望当您杯测到货样品时，您还能记得那支咖啡的味道。而且如果您打算描述咖啡的概况和风味特点，检视样品在这一路来的状况会有莫大的帮助，回顾一下笔记就知道了。有些风味会消退，有些风味则会更加突出，但或多或少应该还是那支咖啡。

※ 信号检测 ※

如果您对您桌上的每一个杯测样品都给予同样的关注和考虑，那么您将在这项任务上花费大量的时间。准确地给两支相差

10 到 15 分的咖啡打分是很困难的：您大概清楚它们属于哪一个范畴，但很难确定它们的精准分数。如果您已经知道自己不会买这一支咖啡，那这咖啡是 84 分还是 84.5 分就无关紧要了。

为了解决这个问题。红狐咖啡商与其他公司合作开发了一个体系，可以更有效地找出哪些咖啡适合您的产品需求。

这种体系被称为信号检测，包括两个步骤。两个步骤都对评鉴结果有很大的影响，每一个都可以单独使用，但它们合在一起使用就可以创造更快、更客观的杯测体系。

第一，对每种样品进行编号，并将每种样品的杯测分散在整个桌子中，再添加一层独特的编号。我们在品尝一个样品组的第二、第三以及后续几杯的时候，很容易倾向于"确认偏见"。（"这是 86 分？对，86 分。好吧，也许是 86.5，写下来。"）

● figure 09, page 80

但如果把它们从整组中抽离出来，每一杯就成了唯一的待评鉴样品。这可以最大限度地减少样品间的影响，至少会有所不同，这将有助于奖励表现前后一致的样品。这样做的结果是，每种样品都会各自得到许多有分歧的数据，分歧的数量约等于杯测者人数乘以样品杯数，而每种样品不是只有三到四个分数，最终得到的可能是九到十六个分数。

第二，用 1 到 6 的等级对样品进行评分，看看是否适合采购（1. 有瑕疵；2. 不买；3. 也许买，也许不买；4. 也许买，大概会买；5. 会买；6. 绝对会买）。这个等级并不是所谓的标准化尺度的反映，因为这么做必然会化为理论性探讨、外部争论，以及误解，重点是要反映组织与文化信仰。100 分的评分量表容易流于深奥抽象，甚至虚无缥缈的对话，陷入讨论 88 分还是 89 分之间差异的情况；但是简化评分量表等级后，则两种样品可能显示在 1 到 6 级的同一级数。

红狐咖啡商的乔尔·爱德华兹（Joel Edwards）解释道："您正在寻找的信号可能会有所不同，例如，感知明亮度、褪色程度，甚至样品是否匹配需要替换的综合豆成分。"每一个信号检测都是有价值的，但总的来说，它们可以加快并提高购买决策的准确性。

您可以将 100 分制的评分表和信号检测结合使用。我建议先通过信号检测做初步的样品筛选，然后再来评估您的"也许买"和更好的咖啡（得分在 3 分或 4 分以上，取决于您的杯测量和您的采购量）。

感谢红狐咖啡商家的品管总监乔尔·爱德华兹提供了这部分的信息。

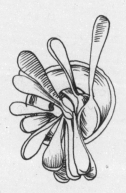

※※
定价
Pricing
※※

您应该为您的咖啡收费多少?

我不会告诉您，您的咖啡要收多少钱。没有一个公式可以决
定定价。

好吧，这是谎言。有几十种公式可以告诉您咖啡该
如何定价。例如，我曾经把生豆的价格（美元／磅）
乘以 3.7，其中包含生豆运抵烘豆厂的所有相关成
本，然后根据从定价到到货时咖啡品质的变化，往
上或往下取整数，也就是 12 盎司一袋的价格。（例
如 :$3.75×3.7=$13.88。如果咖啡到达时不如预期，12
盎司一袋的烘焙豆我会把它定价为 13 美元甚至 12
美元。如果品质比预期好，我可能调高到 14 美元甚
至 15 美元。）您过去的做法说不定还不如盲目地遵
循这个公式，但我希望您继续看下去后能做得更好。

除了咖啡的价格，还有很多事情需要考虑。对于一些烘焙师
来说，要考虑的东西少得多。我认识一个烘豆师，她给所有
咖啡的定价都是在原价基础上加 10 美元。她说只要知道每卖
出一包烘焙豆能赚多少钱，她就心满意足了。

我不打算深入探讨说明损益表，但我确实建议您制
订一套定价方法。在您制订价格时可能要考虑很多
因素，比如您有多少咖啡，以及在发货和到货之间   ※
质量的变化，但要尽量简单。重中之重就是您在咖   52

啡上花了多少钱，以及需要多长时间将之脱手。在某些情况下，您还需要考虑竞争对手是如何给类似的咖啡定价的。

常见情况是在定价时纳入许多因素，或者什么都不纳入。像毕兹咖啡就很少改变所售产品的价格，因此每次他们引进新产品时，无须做出定价决策。但是这意味着，如果他们想要维持利润率，就必须降低购买决策的灵活性。烘豆商在给综合豆定价甚至是设计配方时，通常也是这样。

一旦您决定了如何将这些因素考虑到您的定价中，您就可以创建自己的定价公式。如此一来，无论是在购买综合拼配咖啡豆时，还是在为毕兹咖啡这样的公司采购时，您都能确定自己愿意为咖啡生豆支付多少钱。

I2

※※
与供应商谈价格
Negotiating Price With Suppliers
※※

选定咖啡后如何继续下一步？

啊，尴尬的金钱问题。您花了这么多时间和精力与咖啡供应商建立深厚而持久的友谊，你们一起杯测，一起出差，甚至在长途旅行中睡上下铺，而现在您要提出报价，购买他们辛勤工作的成果了。更麻烦的是，您能不能保住饭碗，可能取决于给您施压要您精打细算的银行或老板。

您如何平衡这些相互矛盾的利益方呢？

在我的咖啡采购生涯中，我在定价方面有一个直截了当的原则：一切都对供应商公开透明——您对咖啡的想法、您打算如何用这些咖啡、您打算卖多少钱、您认为这批咖啡的合理价格是多少，以及这个价格您能买多少。如果您不能对供应商开诚布公，那您就需要找新的供应商了（或面对您的信任危机）。

这种理念让我避免了痛苦的价格战，一旦我把所有的事实都摆到桌面上，谈判就会自行解决。信守承诺，供应商才会排着队与您合作，因为他们会把您的一致性看得高于一切（可能除了没有融资条款的货到付款外）。

咖啡采购的谈判中的许多艰难时刻，似乎都是由于重大的误解。要主动预防这种误解，一开始就要全部说清楚。

※※※※
直接贸易
Direct Trade
※※※※

什么是直接贸易？
这对您和您的咖啡采购意味着什么？

如果您手上正拿着这本书，那么您很有可能听说过直接贸易，
而且您正计划以某种方式购买咖啡，而这种方式将会落入它
那巨大（虽然有漏洞）的保护伞之下。那很好，我将尝试为
您提供一个框架来使用该方法。

直接贸易有很多含义，因为没有一个公认的认证版
本。有些烘豆商聘请了独立的第三方验证机构来为
这样那样的定义提供合法性，但行业内没有一致的
定义。最初表态支持的是树墩城咖啡和知识分子咖
啡，但两家对于直接贸易的定义各有主张。树墩城
咖啡在网站的常见问题（FAQ）中是这样描述的：

我们的咖啡采购方式被称为直接贸易，这意味着我
们与我们的咖啡生产伙伴有密切的关系，并为他们
的优质工作支付极高的费用。我们努力确保从咖啡
庄园到咖啡成品的供应链是透明的。这意味着要定
期造访，尽可能采用新的技术和设备，并形成长期
合作伙伴关系。

虽然知识分子咖啡和反文化咖啡或许能提供更多可衡量的定
义，但直接贸易的实质是相当主观的："我们是哥们，我们付

※
55

了好价钱。"这种主观性促使一些业内的愤世嫉俗者挖苦地将直接贸易贴上"握手贸易""关系咖啡",甚至"各取所需利益咖啡"的标签。

　　自从直接贸易出现以来,人们对这种模棱两可的定义有很多苦恼。我永远不会忘记,当我解释我们的咖啡如何以及为什么不是公平贸易咖啡时,一位顾客说我的论点模棱两可,没比小布什总统好多少。(我的父母大概会为我的总统风度感到骄傲的!)

● figure 10, page81

这种担忧的根源在于,直接贸易是一种胡说八道的营销策略。树墩城、知识分子咖啡以及其他最初实行这种做法的公司之所以这么做,是因为这是获得优质咖啡的最佳方式:通过建立关系,您可以与生产商一起成长,并在收购未来成果的谈判桌上获得一席之地。这些买家可以接触到精彩的故事、生产者美丽的肖像摄影,以及其他营销手段和材料,所有这些在竞争激烈的批发市场上都很有价值。但您之所以要排除进口商、出口商和任何其他中间商,正是因为它有助于确保生产商会再次把优质咖啡卖给您。

　　直接贸易的市场性很弱,其解释主要是为了反驳"这是公平贸易吗?"而这个行业一直以来都向供应商支付较低的薪酬。直接贸易作为一种营销标签诞生于公平贸易对买方的明显伤害,而公平贸易的做法也不完全是错误的。公平贸易有它的优点,但重要的是要记住,那是源自一个由少量大规模采购者控制大部分咖啡需求的年代。我是在 20 世纪 90 年代后期的咖啡危机之后了解到公平贸易的,当时咖啡价格跌至历史低点,人们对这种数百万人赖以为生的商品的稳定性产生了合理的,甚至攸关生存的担忧。公平贸易鼓励在价格较低时期受益的大型咖啡公司为咖啡支付底价(最初是 1.26 美元／磅),给予的回报就是提供一个既可以营销又好记的标签——公平贸易——让客户立刻就能理解,即使他们并不清楚这个认证的细节。星巴克、毕兹以及其他公司也加入了进来,最初只是象征性的综合豆,但最后产品表上有越来越多的产品是透过公平贸易认证购买的。

第三波精品咖啡烘豆商越来越多地以独立商品（远高于"C市场"*）的价格购买咖啡，因此有关"公平贸易"的问题让他们感到恼火。您问知识分子咖啡他们的彭特庄园系列是"公平贸易"吗？这就像问主人从自家后院摘来给您做沙拉的生菜是否是国家有机计划（National Organic Program，NOP）认证的有机生菜。当然不是，但认证代表的精神却被认为重于主人家非常地道的且有可能有机的菜园所代表的意义。

在直接贸易的许多定义中，我最不喜欢的部分是坚持同时将客户和供应商放在首位。烘豆商向供应商保证他们的咖啡会有人买，烘豆商向客户保证咖啡会是高质量的。如果这一年的咖啡质量不佳怎么办？如果您买了它，您给客户提供的是劣质产品。如果您不这样做，您就违背了您的承诺，甚至可能破坏了您与供应商的关系。这种双重坚持在今天已经不那么常见了，大多数烘豆商与咖啡生产商建立了长期良好的关系，因此，把供应商放在首位可以提供理想的营销语言，也不会对咖啡的品质造成太大风险。

直接贸易作为一个营销话术，产生的影响非常大，而且也造成批发顾客的期待，甚至希望烘豆商提供类似包装袋上的"直接贸易"贴纸这样的东西。我恳请烘豆商完全不要使用这种标签。相反，应当考虑将您的营销重点放在风味、生产商故事或其他事物上。之所以有如此多的营销语言都在谈论咖啡的交易方式，不只是因为那是精品咖啡起源的证据，也因为它是过往帝国主义剥削的证明。

如果您坚持把您的咖啡称为直接贸易，我建议面对顾客用个简单的定义："我们与生产我们咖啡的主要负责人洽谈收购条件。在尽可能减少使用中间商的同时，我们还对采购咖啡做处理前准备、出口、进口和以及各种相关事宜的人进行额外补偿。"

拜访生产者，和他们喝酒培养感情是件好事，但把这种友谊变成一种营销的标签就有点奇怪了。现实情况是，您只是在

* C市场是一个全球性的商品交易所，类似于股票交易所，咖啡豆的实物交易和咖啡期货合约的交易都在这里进行。并不是所有的咖啡都在C市场上交易。要进行交易，咖啡必须符合一定的标准。

做您应该做的事情，同时您也在建立关系。

※ 有关直接贸易的误解 ※

〔误解 1〕　　　　直接贸易是要排除中间人。虽然直接交易
往往会减少对中间商的依赖，尤其是那些
发现大量咖啡并直接买断并打算转售的中
间商，但排除中间商并非必要。进出口商
为供应链增加了巨大的价值，试图独自处
理这些工作对您或您的供应商来说是不值
得的。只要您与生产商直接谈论付款条件，
并且加上了进出口服务的相关成本，依旧
是直接贸易。

〔误解 2〕　　　　直接贸易是指付给生产者更多的钱。不，
不是真的。直接贸易是指真正知道生产者
能拿到多少钱，因为您是直接和他们洽谈
的。在直接贸易之前，关于生产者的报酬
有很多模糊的地方。作为一个买家，您明
白您付了多少钱，一旦询问，您就知道了
各方是如何分配全部成本的。我并不是说
这里面有什么不诚实，但如果您不努力与
咖农直接联系，就很难得知您的采购决策
会产生什么影响。

※ ※
出口
Exporting
※ ※

如何处理出口和运输？

　　当您决定购买一支咖啡时，可能需要几天或几个月才能到达您的烘豆厂，这取决于它的来源和您想要它去的地方。如果咖啡已经在您的国家，那么只需要几天就能到达您的烘豆厂。然而，如果咖啡还在咖啡庄园的晒架上，可能少则需要6个星期，多则6个月（或者更长的时间，不幸的是，需要耗时多久是没有限制的）才能收到。

从晒架上开始，咖啡需要经过日晒、干燥、脱壳、去皮好几个步骤的挑选分拣和准备，装袋到集装箱，然后运输，通常要跨越一两个大洋。到岸之后，还需要通过您所在国家的海关，这可能又涉及到延误。海关常规处理通常不是问题，但在某些情况下，需要进行额外的海关审查，这就很可能让您辛苦淘来的珍贵咖啡再拖延一个月到货。

　　如果咖啡生豆不能在状态良好时送到您的烘豆厂，那么它对您来说就是毫无价值的。所以和见多识广的、有知识的、专业的、组织良好的出口商和进口商合作可以让情况变得大不相同。

● figure 11, page 82

※

59

我曾经在一个东非国家和一名热情的咖啡生产商兼高质量咖啡出口商建立的一段新关系，对此我感到非常兴奋。他在我面前摆出了一桌又一桌出色的咖啡，而我同意买下许多批次。我离开这个国家时，感觉自己仿佛终于找到一个通往产地源源不断的货源，是之前的寻豆师没有接触到的。

　　我简直太天真了！经过几个月令人失望的电子邮件和一些极其糟糕的发货前样品，我发现，事实上，我在这个国家没有取得任何进展。出口商无法及时运送咖啡，样品已经变质，我已经无法再买这些咖啡了。尽管这个人的出发点是真诚的，但他太缺乏经验，无法在复杂的咖啡出口过程中取得有意义的进展。

但是，大量的经验也并不是一切。我不鼓励你们完全避免开拓引进新的出口商；我也有大把的成功经历是与没有经验的出口商合作的，他们往往会取得成功，因为他们不理会传统的出口方式。一个有经验的出口商可能会更看重他觉得有价值的关系，而胜于与您的关系。而缺乏经验的进口商，您可能会发现他排除万难把您的咖啡送到您面前，不管他在这个过程中伤害了谁的尊严。

　　无论经验是否丰富，您找的出口商都要注重细节、乐于追求高品质途径、对干燥处理加工很关注，并拥有高超的沟通技巧，无论是与您还是与帮助移动货柜的有力人士。找到优质的咖啡是不够的，您还需要找到能够帮您将咖啡送到您的烘豆厂的优秀出口商。

※※※※
质量控制
Quality Control
※※※※

如何确保您收到的咖啡状况良好，

为烘豆厂的成功做好了准备？

我采购的第一批蜜处理加工咖啡是在哥斯达黎加塔拉祖的一家著名咖啡厂买的，味道很好。我是在哥斯达黎加做的杯测，豆子刚刚从日晒干燥台上下来几周，它们还散发着热带水果和核果的香味，甘甜又多汁。我耐心地等待着它们的出炉，兴奋地与我的同事和顾客分享。当它们抵达上岸时，我把这批所有的哥斯达黎加咖啡摆了一桌，有水洗咖啡和蜜处理咖啡。令人惊奇的是，水洗处理的咖啡竟然品质风味更佳，甚至比我在哥斯达黎加品尝时更好。我对蜜处理咖啡本满怀期待与兴奋，然而……

蜜处理豆也还好，但不如在哥斯达黎加时那么好。88 分和 89 分的咖啡突然变成了 85 分或 86 分，丰富的水果味消失了，不过甜度和宜人的酸度足以让它们成为还过得去的咖啡，但仅此而已。这太令人失望了。

如果您采购过咖啡，无论时间长短，您可能已经意识到采购咖啡生豆的一个难题：豆子会变。在购买之前，您可能已经了解了这一点，但是绝对没有您亲自选择豆子时那么明显。然后突然间，感觉自己在接受审判。您做采购决策可能是基于您在别人的实验室中杯测的一款样品，那是他们几个星期前准备及烘焙的；但在您同事初次品尝时，那才是您面对真相的时刻。他们会喜欢吗？尝起来的味道一样吗？

良好的质量控制不仅可以帮助您立即判断一支咖啡是不是它原本的样子，还能帮助您的供应商了解如何在未来为您提供更好的咖啡。

※ 笔记、笔记、笔记 ※

良好质量控制的第一条规则是做大量的笔记。每次您得到特定批次的样品（产品样品、出货前样品、到货样品，以及咖啡在烘豆厂保存期间的好几个阶段），都要给咖啡打分并做笔记，不管您是在笔记本上潦草记录几笔，还是用杯测软件 Cropster Cup，都不要紧。与其在意该用什么工具，记录和提供方便存取内容的功能更为重要，而一个简单计算表对我和我的团队来说，就十分好用了。无论您用什么方法做笔记，记录是要让您容易回头查看，并回想起您的发现。

最低限度，您应该记录您的百分评分和一些风味情况。假设您的记忆力一般，如果没有这些笔记，您怎么能确定是您杯测时喝的是同样的咖啡。理想情况下，您还可以捕捉到特定的干湿香味、酸度、甜度，以及咖啡在冷却时的变化。想象一下，您正在尽最大努力提醒未来的自己品尝这种咖啡的感觉，这样当您再次品尝它时，您才有一些东西可以做比较。

如果您有湿度计，我强烈建议您在每次品尝咖啡时记录咖啡的水分含量。显著的含水量损失可能预示着一些问题，水分含量的增加可能会更糟。根据我的经验，从出货到抵达，流失 1.0 到 1.5 个百分点的水分是相当正常的，流失超过这个范围我会担心。不过哪怕您标出的水分含量数字合理，代表咖啡豆稳定，但更重要的还是您从咖啡杯里品尝到的味道。

● figure 12, page 83

虽然我是认为完整的生豆分级分析并非必要的程序，但您也应该留意每个步骤的生豆状况。如果注意到瑕疵豆的数量明显，应该做彻底的生豆分级。然后等烘焙样品后，注意有无未熟豆。

在全球范围内，对于咖啡的准备和分类有不同的做法，包括样品和实际运输的咖啡批次。这些不同的做法的结果都应该是确保一整个批次尽可能没有瑕疵，并且样品也代表了该批次的干净程度。只是这些并没有保证，您所能做的最好的事情就是传达这些咖啡是否满足您的期望。

除了做笔记，重要的是要分享您的发现，进口商、中间商、出口商和咖农都有充分的理由知道咖啡在走向最终消费者的过程中是如何变化的。它可以充当一种问责的工具，无论咖啡的风味是保持强烈，有所改进，还是在品质上多少有所下降。

通过与供应商沟通的做法会帮助您解决今后会出现的问题。您的评分会创建一份追踪文档，供应商默认接受，如果在装运前或到达时，有明显的质量问题，他们大多会与您一起解决问题。

在质量评估时，除了与供应商清晰地沟通外，对同事要诚实和坦率也很重要，尤其是那些要烘焙咖啡豆的人。我观察过一些稚嫩的生豆买家，他们有种天赋，能借由赞美他们在咖啡庄园做原始杯测的样品呈现何等程度的甜度和酸度，而让烘豆师对咖啡充满期待。我不确定这些究竟是为了不可避免的品质下降而推诿卸责，还是寻豆师常常只记得美好时光，但是那样做对烘豆师没有帮助，无论您的烘豆师如何手艺非凡，都没有办法通过烘焙提升咖啡的潜力。

咖啡生豆要么有潜力，要么没有。您要诚实地说出咖啡的状况，包括您的第一次杯测，以及从那以后它是如何改变的。您可以传达您的希望，期望专业烘豆师可以恢复您最初杯测时的风味，这没有问题。但诚实面对这件事将有助于建立信任。

我的最坦率透明的工作关系是我和史蒂夫·福特（Steve Ford）的，当时他是瑞图尔的首席烘豆师。史蒂夫有能力用他直率而又奇特的办法来评价咖啡，令人卸下心防，并且有能力专注于出品豆子最清晰的特征，无论是好的还是不好的。在我固定和史蒂夫杯测之前，我对试图说服同事们一杯味道消退的、令人失望的咖啡仍然还不错心怀愧疚。史蒂夫对味觉的信心正是我们所需要的，他能非常自在从容地大声说出

一杯咖啡不好。（好咖啡是不需要帮忙赞美的。）因此，我们不再偷偷摸摸地回避次品，更加务实，讨论我们应该如何处理它们才是至关重要的。而且您花费越少的精力说服自己和每个人一支坏咖啡是好咖啡，您就越来越能妥善处理状况。

※ 不要混淆评分系统 ※

精品咖啡协会（SCA）和卓越杯（CoE）开发了他们的杯测表格体系，主要是为了判断一个给定的咖啡生豆样品的固有特质。两者都谈到了在植物栽种中所花费的心力、咖啡果实的成熟度（包括成熟程度和均匀度）、处理和日晒干燥的细致程度，以及在整个加工过程中的严谨挑选。两者都提到了风土条件。

虽然这些表格并不能完美地将杯测的品质转化为分数，但大多数专业人士认为它们是评估生豆的适当起点。这些表格并不是为了评估商品烘焙豆的品质，但不少烘豆师和至少一个竞赛（美食奖）已经采用了这些表格及其百分评分系统。研究结果令人困惑，而且往往具有误导性。

我建议您只使用百分系统来讨论和评估生豆的固有特质。理论优等的烘焙豆应该符合它的生豆分数。只有当咖啡生豆的品质发生变化时，咖啡才有最大可能出现分数的变化。

※ 如何评鉴大量商品烘焙豆 ※

可以通过百分评分方式来客观地评价生豆，也可以通过风味和概况偏好主观评价。同样地，您也可以通过客观和主观的衡量方法来评价咖啡是否烘焙成功。客观：这咖啡是否烘焙发展不足，烟熏味还是焦糊味？主观：烘焙是否达到了您想要的甜度和酸度之间的平衡？它是如何展现咖啡生豆的独特属性的？

在我工作过的不同公司，同样的烘焙在品管杯测桌上的表现可能会大不相同。例如，树墩城的杯测师会认为瑞图尔的烘焙豆发展不足且缺乏甜度，而以瑞图尔的标准来看，树墩城的烘焙豆打破了瑞图尔烘焙的唯一规则：不要露出丝毫类似"烘焙"的痕迹，也就是不要有烘焙的焦香、烟熏味道。

尽管如此，我推荐以下方法：确认两到五个适合自己烘焙风格的品质要素，并对商业豆烘焙进行评估。重要的是品质要素能在烘豆过程中创造或保留。例如，您可以选择专注于三种烘焙的品质：甜度（既是生豆固有的，也是由烘焙发展而来的）、产地属性（生豆特质中明显和产地一致的属性）和口感（如顺滑多汁、干燥不够）。用每种特质二选一（是 / 否）的答案来评价每一支咖啡：亲爱的咖啡买家，它有展示甜度吗？是期望中的产地属性吗？口感好吗？如果三个的答案都是"是"，咖啡得分为 3 分。如果三个中只有两个"是"，它得分为 2 分，以此类推。您不太可能把这个简单的评分系统和您的百分系统混淆（我品过的最糟糕的样品烘焙豆都远远高于这些个位数），而且这是与同事快速沟通的有用工具。如果您想更进一步，可以保持评鉴的顺序不变。例如，如果您说"是的，是的，不是的"，就代表甜度（是）、产地风味（是）、口感（不是）。

如果这都看起来复杂了，可以考虑使用一个更熟悉的系统，比如字母等级。当您评鉴每个生产批次时，判断其与豆子的潜力程度有多接近，并给它一个字母等级评分。如果商品豆的烘焙达到了您想象的那样好，给它一个 A+。如果它没有达到您当初爱上这支咖啡的酸度，那就把它按字母等级降低一个字母。这个评分系统立即就能被同事理解，而不会跟烘焙评鉴和咖啡生豆分数混淆。

※ 杯测与其他冲煮方法 ※

大多数商业豆品质管控都依赖杯测来冲煮咖啡，其中可能有很多种原因，但最有可能的原因是，杯测是冲煮大量样品的最简单和最快速的方法，杯测也是最容易复制连贯一致的冲煮结果的方式。例如，如果一家公司决定通过 V60 滤杯 * 来进行质量控制，那么处理过程可能会非常不稳定，从而妨碍了生产样品之间的公平公正比较。

杯测是品管的最佳冲煮方法吗？也许不是。您、您的顾客或您的顾客的顾客几乎不可能那样煮咖啡。

* 呈 V 形 60 度角的滤杯。

如果您经营咖啡馆，杯测也极不可能是您准备咖啡的主要方式。杯测是一种特殊的冲煮方法。根据我的经验，它有利于浅烘焙的豆子，并会减轻口感效果。（斯科特·拉奥推测，人们更喜欢较浅的烘焙是由于在未经过滤的浸泡式冲煮过程中形成的胶质似乎减少了人们对苦味和酸度的感知。）如果您只用杯测来评鉴您的咖啡，您最后的烘焙成品用其他冲煮法冲煮时，可能会比理想烘焙程度更浅。

另一方面，除了杯测外，通过其他冲煮方法冲煮 10 个或更多的商业批次都更耗时。等到您完成最后一杯，再回头评鉴第一杯时，咖啡都冷了。如果每杯都耗费太长的时间准备，要么雇佣一群实验室助理，要么失去同时比较的优势。

那该怎么办？您还能做些什么呢？您可以杯测。虽然杯测并不能完全代表以其他方法冲煮咖啡的经验，但它却是最一致的冲煮方法之一，也是快速、简单，最适合用来对照品尝的方法。在您的品管过程中，最好以结果为目标，而不是过程，期望的结果是对离开烘豆厂的每一批咖啡都有信心，目标是 100% 的品管。因为杯测这种方法很容易复制，浸泡式冲煮，如杯测和法压（French Press）应该是您品管的支柱。手冲很难可靠地复制，所以我建议使用它们作为您主要品管过程的补充，以便更好地了解您的客户在品尝您的烘焙豆时的体验。

● figure 13, page 84

figure 01 咖啡树苗圃，
哥伦比亚乌伊拉省 (Huila, Colombia)

69　figure 02　咖啡采购可能会有机会前往见识美丽的异域风情，但是工作内容远不止如此

71 figure 03 带壳咖啡豆在高架棚架上晾晒，
埃塞俄比亚阿加罗 (Agaro, Ethiopia)

72

  红色与黄色的成熟咖啡果实 (coffee cherry) 正待去除果皮果肉，
尼加拉瓜迪皮多 (Dipilto，Nicaragua)

figure 05 晒豆场上区分出日批次，
萨尔瓦多玛塔拉帕庄园 (Finca Matalapa, El Salvador)

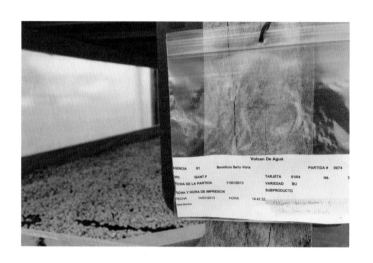

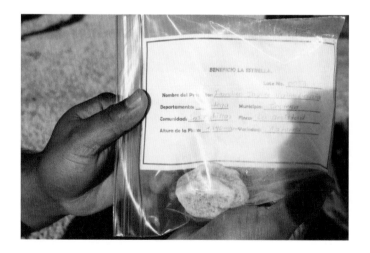

figure
07　生豆样品正要进行烘焙

figure 08 肯尼亚中肯尼亚咖啡处理厂（Central Kenya Coffee Mill, Kenya）

在尼加拉瓜的奥科塔尔,样品咖啡已倒入杯测碗撇去浮渣,人们准备进行杯测评鉴

80

  直接贸易对于收集和分享您的供应商的故事和图片是很好的。
这位是亚历汉德罗·瓦利恩特，他经营着各种咖啡庄园

figure
11
哥斯达黎加独家精品咖啡以手工挑选咖啡豆，
以及萨尔瓦多博尔博隆以密度筛选咖啡豆

82

83 figure 12 　烘焙豆样品：肯尼亚多尔曼咖啡公司

figure
13 咖啡生豆形态能透露植物栽种、果实成熟度、处理与挑选的细节　　　　84

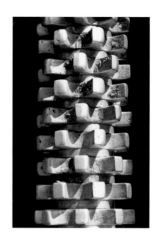

 〔上〕运转中的除胶机，以及除胶机内部，哥斯达黎加梅奥微处理厂
〔下〕去除果肉的咖啡刚开始发酵，危地马拉茵赫特咖啡庄园

 〔上〕 水洗时，手动搅动咖啡豆，肯尼亚卡宾加拉
〔下〕 被覆盖的日晒干燥中的咖啡堆，萨尔瓦多玛塔拉帕咖啡庄园

87 figure 16 咖啡铺在高架棚架上日晒干燥，
洪都拉斯辛纳克拉处理厂（Beneficio Xinacla，Honduras）

figure
17

日晒干燥法中将成熟的咖啡果实铺开日晒干燥，
萨尔瓦多玛塔拉帕庄园

88

figure 18 亚历汉德罗·瓦利恩特手中干燥的带壳咖啡豆，
萨尔瓦多圣米格尔处理厂（Beneficio San Miguel, El Salvador）

帕卡斯种（波旁的变异种），
萨尔瓦多玛塔拉帕庄园

野生咖啡，
埃塞俄比亚南方

figure 21 干燥的带壳咖啡豆

figure
22
埃塞俄比亚的咖啡仪式

92

figure
23

无数肯尼亚咖啡竞标批次的样品，
肯尼亚多尔曼咖啡

figure 24 肯尼亚的咖啡存储仓库

figure
25
卢旺达的咖啡放在袋中，
肯尼亚的咖啡放在空调箱中

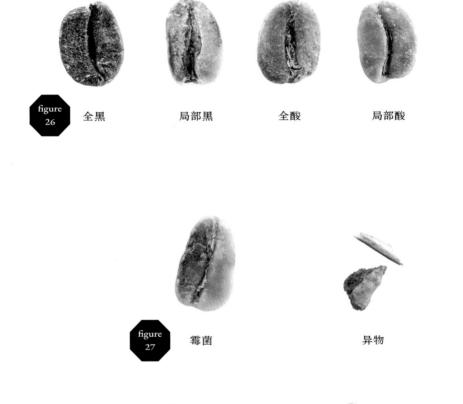

figure 26　全黑　　　局部黑　　　全酸　　　局部酸

figure 27　霉菌　　　　　　　异物

干裂破口　　　　损坏的

 未成熟豆　　　　　　贝壳豆

浮豆（空心豆）　　　带壳豆

 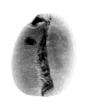

figure
29　　　壳／皮　　　轻微虫蛀　　　严重虫蛀　　　未熟豆（底豆）　　　98

※※※※
故事营销
Storytelling
※※※※

您如何向顾客传递有关咖啡豆的重要细节？

现在您已经购买了一些咖啡，是时候将其烘焙并出售了。

在大多数小公司，甚至许多大公司中，咖啡寻豆师在塑造每种咖啡和综合咖啡豆的故事方面发挥着重要作用。在我所有购买咖啡的工作中，我都要负责说咖啡的故事，同时传达咖啡的味道，理想的情况是，还能以这种方式解释是什么原因让咖啡尝起来是那样的味道。

人们很容易认为解释咖啡的味道会很简单，就像这样："品种是 X，海拔是 Y，处理法是 Z，所以它尝起来像 A、B 和 C。"但咖啡不是这样的，它比这更复杂。或许可以做一些计算，但是不太可能完全套进一个简单的公式。在讲述您的咖啡故事时，需要考虑以下几点：

※ 是什么让这种咖啡的味道如此呢？ ※

有时品种胜过一切。如果我请您想想一支来自萨尔瓦多的海拔 1 400 米的咖啡的味道，您可能会想到该国咖啡常见的甜焦糖味和黑巧克力味。但是，如果我又告诉您它是瑰夏品种（Geisha），您就会放弃先前的那些想法，想象您以前尝过的所有瑰夏咖啡的味道，即使它们都不是来自萨尔瓦多。焦糖和黑巧克力变成了清新的柑橘类水果风味和浓郁的花香味。

　　如果我告诉您咖啡是生长在海拔 1 900 米的水洗铁皮卡（Typica），无论您想象了什么，如果我告诉您它是湿处理的，您又会改变想法了。如果我告诉您我有一支原生波旁（Bourbon），水洗加上长时间发酵，您当下对它味道的想象和我后来透露它来自肯尼亚时的结论，又会完全不一样了。

关键是，咖啡风味的关键指标和成因可能会有所不同，而作为咖啡寻豆师，您的工作就是判断特定咖啡的关键指标和成因是什么，还要能言之有理。

　　※ 是什么让这款咖啡的味道与其他产品不同？ ※
　　我第一次买哥伦比亚咖啡，就被浓郁的樱桃香味震撼了。在网上进行了一些研究之后，我意识到樱桃味是哥伦比亚咖啡特有的一种品质，于是我就如此标示。

我第二次购买哥伦比亚咖啡时，我买了五支小而独特的批次，打算分开单独出售。麻烦的是，我计划在我们的旗舰咖啡馆一周只卖那五种哥伦比亚咖啡。我不能总是依赖"它们来自哥伦比亚，所以它们尝起来像樱桃"这样的大致描述，尽管就总体而言，它们都是如此，但同时品尝的话，更容易注意到哪个味道更像柠檬，哪个味道更像红糖，哪个味道更像热带水果。到杯测结束时，它们对我来说都没有特别像樱桃的味道，至少相互比较起来是如此。

　　想象一下品尝许多不同品种的樱桃。美国的加州甜樱桃（Bing）、白樱桃（Rainier）、布鲁克斯甜樱桃（Brooks）、犹他大樱桃（Utah Giant）以及拉宾红樱桃（Lapin），如果您将它们拿来同时比较，那味道就不再只是樱桃，您会开始体会它们之间的差异。

最后，我将哥伦比亚咖啡之间的差异归因于它们独特的微批次区域，这极大地影响了该国南部山区威拉和考卡等地区的咖啡风味。

　　※ 当其他一切都没用时，那就说说人 ※
　　每一支咖啡都是由人做出来的，那些人经过深思熟虑和不那么深思熟虑的步骤来生产制作您正在品尝的咖啡。每个触碰过咖啡的人在咖啡的最后调性上都留下了难以磨灭的印记，无论他们的角色看起来多么渺小。

一位朋友曾经说过，"我不相信有什么精品咖啡，只有精品咖啡生产者。"没有种植者、收割者和生产者的奉献、劳动和智慧，您就无法获得精品咖啡。然而，尽管自精品咖啡中期以来咖啡发生了很大变化，生产者仍然经常是默默无闻的。

到您当地的第三波精品咖啡馆走走，尤其是从另一家烘豆商那里购买咖啡的咖啡馆，尽管有例外情况，但您很难辨认出他们正在冲煮的咖啡是谁生产的。尽管烘豆商努力宣传有关生产商的信息，但当我问"咖啡来自哪里？"时，80% 的情况下我得到的答案是向他们出售咖啡的烘豆公司的名称，另外 20% 的情况我被告知的答案是国家名称。每次都需要提示两三次，才能确定微批次区域或生产商的名字，而且我经常没有运气确定这些信息。（对我来说不幸的是，我几乎总是不得不问咖啡是不是水洗，因为咖啡馆已经不流行预先告知您他们即将递给您一杯热腾腾、有着发酵臭味的东西了。）

※ 关于救世主情结的一些话 ※

无论您与供应商的关系如何，尤其是咖农的关系，都不要欺骗自己或您的客户，让他们相信您正在帮助咖农，让他们相信您对咖农的帮助多过咖农对您的帮助。只要他们向您出售咖啡，再多的钱、对他们的处理流程的任何捐赠以及对他们的家人、社区或健康中心的任何捐赠都不过是业务关系的一部分。

即便您没有发现他们，他们可能也会过得很好，也会找到其他买家，特别是如果他们的咖啡品质很好的话。当然，这并不意味着世上没有"好客户"这一回事，我们都知道业务关系好坏之间的区别。这只是意味着您不是英雄，您不是救世主，您应该始终致力于成为客户的英雄，而不是供应商的英雄。成为供应商的英雄有点太接近帝国主义了，不要做个帝国主义者。

我曾经有一次不幸的机会与一位多年来一直从偏远地区采购咖啡的买家一起出差，她在市场处于低谷时支付了高价给生产商。她重视这种关系，也重视咖农和咖啡，但随着咖啡市场价格上涨，咖农想要更多的钱。她对此非常愤怒，一再提醒咖农，她过去曾给过他们很好的价格。

咖农们不在乎，他们也不应该在乎。想象一下，您有几年收入不错，但随后咖啡寻豆师的市场价格大幅上涨，另一家咖啡公司给您相当可观的加薪来挖您，相反地，您的雇主只是不断提醒您，他过去都支付给您很优渥的薪水，您现在应该对他忠诚。您应该不会理您雇主的这套说辞，因为即使您在项目中获得了丰厚的报酬，交易也已经结束。如果这会让您未来不得不接受较差的价格，那么现在的好价格又有什么好处？

此外，我曾和身家各不相同的生产商合作过，每次听到烘豆商描述自己"发现"的咖啡庄园主或使用英雄般的言语讨论和生产商合作的经验时，就不免要窃笑。危地马拉韦韦特南戈的一位著名生产商在赢得卓越杯之前将他的咖啡卖给了星巴克和阿莱格罗（Allegro），然后才被一位著名的第三波烘豆师"发现"，就好像这位咖农还没有取得惊人的成功似的。这位生产商很聪明，比我更富有，虽然他很幸运拥有优质的风土条件，但他还是非常努力地生产出我喝过的最稳定的优质咖啡。他可以而且确实在世界各地挑选很棒的买家。

专注寻找令人惊叹的咖啡并分享给客户，专注于成为客户的英雄。

第二部分

咖啡生豆的各个阶段。
对处理方法、
栽培品种、储存、
包装和瑕疵的
认知和理解。

I7

※※※※※※※※※※
处理方法及其杯测特性
Processing Methods And Their Cup Characteristics
※※※※※※※※※※

各种处理加工方法对咖啡风味有何影响？

为了在储存和运输中保持稳定,咖啡豆需要去除其有机成分,分离果肉，并将水分含量降至 11% 左右。

这个简单的概念在我刚从事咖啡行业的最初几年甚至在我成为咖啡寻豆师后的几个月里都被忽略了。就我所学的而言，咖啡豆的加工处理方法似乎要么是生产商深思熟虑的选择，要么是一种简单的、区域性的传统。虽然这两种情况都经常发生——尤其是关于区域的、传统的加工处理方法。将它们理解为一种稳定咖啡品质的手段，其次是服务于其他目的，会让您更好地理解咖啡豆的处理。所有加工技术的初衷都是做准备和稳定豆子，以便运输、储存以及最终的烘焙和消费。

让我们简要地介绍一下处理的类型及其结果。在这个过程中，我总是会给您提及一些我个人的偏好。

[水洗处理法]（又名湿处理法）
这个过程适用于您能想到的大多数咖啡。水洗法是一个概括的总称，泛指任何通过去除果肉与清洗，在几天内去除种子上的所有果皮和果胶的方法。

第一步是使用果肉筛除机将咖啡果实的外果皮与果肉去除，留下包裹着黏稠果胶的豆子。然后，黏稠

※
107

的果胶层要么通过发酵（通常放在发酵池里，加水或不加水）分解，要么通过除胶机去除果胶。除胶机是一种直立的圆柱形机器，可迫使咖啡豆通过狭窄的槽，通过搅拌去除黏稠果胶。发酵依赖于酵母和细菌进行十二到七十二小时的微生物反应，以溶解咖啡豆上的黏稠果胶。

发酵或脱去果胶后，生产商会用水漂洗咖啡豆，去除残留的果胶。这通常在长长的管道中完成，生产者经常使用螺旋钻或手动操作木桨搅拌咖啡，以完成漂洗。

然后，生产商将带壳咖啡豆进行机器干燥或日晒晒干，直到其水分含量降至 11% 左右。机器干燥通常需要一到两天的时间。例如用 Guardiola 干燥机——大型旋转滚筒，带有循环热风——或是将热空气打进筒仓。中美洲最常见的日晒干燥法是在露天晒豆场上晒干，通常需要三到六天。在晒豆场进行日晒干燥期间，生产者在日晒加热过的地面上将咖啡豆平铺摊开，摊成薄薄的一层，并频繁地翻动咖啡，让水分含量平均。傍晚时，通常会将咖啡聚拢成金字塔状并加以覆盖物，以尽量减少夜间的水分凝结。

● figure 14, page 85

● figure 15, page 86

另一种日晒干燥法也正逐渐普及，特别是在精品咖啡的生产出品中。在晒架上日晒干燥咖啡豆，也称为"高架棚架"或"非洲式棚架"。这些都是用网状的表面，让空气流通过薄薄的豆子层。通过将豆子架离地面，晒架能有效避免人走在豆子上面必然会造成的羊皮纸破裂的状况，也减少了它们暴露在晒豆场的极端温度下。生产者通常在整个日晒干燥期间"耙梳"豆子，偶尔在夜里将它们包覆起来以减少水汽凝结；不过，这样通常比较不太容易水汽凝结，因为它们没有达到露天日晒干燥咖啡的极端温度。这种方法可能需要七到十五天。

在大多数情况下，水洗咖啡可以在几周内就做好运输的准备。与其他方法相比，采用水洗工艺处理的咖啡不太可能出现熟果味或异味，更倾向于强调甜度、酸度，并且最能真实反映出咖啡植株的品种。

※

日晒处理法（又名干处理法、自然处理法）

在咖啡风味轮的另一端是原始自然的日晒干燥过程，就是通过日晒从种子上去除果皮、果肉的方法。日晒干燥法有两种基本的自然方法：

① 　　　在采摘之前让咖啡果实在树上部分或完全日晒干燥，采收后去除日晒干燥的果皮、果胶和羊皮纸。

② 　　　从树上采摘相对成熟的咖啡浆果（与其他方法一样），然后在晒豆场或晒架上日晒干燥数周或数月，之后再去除日晒干燥的果皮、果胶和羊皮纸。

　　　日晒干燥法更有可能涉及果胶、果皮与种子之间的有机物的交换，因此处理出来的咖啡有明显的醇感和突出的水果调性，可惜风味容易有瑕疵。

　　● figure 16, page 87

　　● figure 17, page 88

※ 其他处理法 ※

这样似乎太过简单化了，但是其他所有处理法或多或少都是以水洗法和日晒干燥法为基础做的变化。

去皮干燥法（又名蜜处理法）

剩下要讨论的最突出的方法是去皮干燥法和蜜处理法，这两种方法都要去除咖啡果实上的果肉，使用或不使用机械脱胶机（除胶机），然后都会在种子的羊皮纸外部留有部分或全部果胶的状况下进行干燥。

　　　巴西率先采用去皮干燥（pulped-natural）工艺，旨在减少洗涤过程中的用水量，哥斯达黎加表面上创造了"蜜处理"（honey process）一词，但在大多数情况下，差异的程度也仅限于名字不同罢了。出于优越心理，中美洲大部分地区都采用了哥斯达黎加的术语，但不要上当，去皮干燥法和蜜处理通常都是一样的处理法，只是出现在不同的地方而已。

生产者在准备制作去皮干燥咖啡或蜜处理咖啡时做出的主要选择是咖啡豆上留下多少果胶进行干燥。这种咖啡的特征大多与水洗咖啡相似，只是通常酸度不那么明显，更为醇厚，

※

而且一般有更多的水果风味。根据我的经验，运送后的蜜处理咖啡没那么好，因为我发现细微的香味差别和酸度会很快消失。

（湿刨处理法） （湿刨法）

另一个著名的处理法是湿刨处理法，主要在苏门答腊岛和苏拉威西岛使用。湿刨法与水洗法类似，不同之处在于脱壳时的水分含量约为 25% 至 40%，而此时豆子仍然相当柔软，因此在脱壳过程中经常被压碎和损坏。然后将它们放在晒豆场上铺开晾干，不受羊皮纸的保护。这个过程的出现是因为这些地区的人们传统的咖啡交易方式：由于当地的咖啡采购市场积极蓬勃，即使它非常潮湿也会被购买，所以咖农就会在它们完全日晒干燥之前将其脱壳。

　　　湿刨处理法的咖啡往往带有泥土味，缺乏酸度和甜味，并具有明显的干涩、木质特征。

※ 权衡您的处理法选项 ※

毫无疑问，我是水洗处理法的坚定拥趸。更具体地说，我超级热爱最能反映该品种原有风土条件及环境的纯净咖啡。优质的水洗咖啡具有丰富的层次，比如水果味、香料味、巧克力味和许多微妙的风味，这和其他用粗糙方法处理出来层次单一、不分品种或种植地、尝起来相差无几的咖啡，是截然不同的。

　　　尽管如此，我也发现一些干旱贫瘠的国家或地区，
　　　比如埃塞俄比亚的哈勒尔、也门和巴西的塞拉多，
　　　可以生产出非常好的日晒咖啡，口感较干且偏向水
　　　果的风味特质，反映了风土的完整性和细微差别。
　　　然而，中美洲日晒咖啡大量扩散让我心碎。这些原
　　　本迷人精致、成熟的水洗咖啡正在变成一片热腾腾
　　　的过熟香蕉、腐坏的花生酱和一团乱七八糟的酸草
　　　莓。中美洲的湿度很大，无法完全靠日晒干燥咖啡
　　　而又不产生这些异味。

水洗处理法使用了大量的水，有时是去皮干燥法的一百倍之多，甚至是日晒法的无限多倍。正是由于这个原因，去皮干燥和蜜处理加工咖啡在巴西、哥斯达黎加、巴拿马和拉丁美

洲其他地方变得更加普遍。当这些处理法以机械方式去除大部分或全部果胶，结果通常与发酵过的水洗咖啡一样好。如果您对咖啡生产对生态的影响很关心，请与机械脱胶的生产商合作，那将不必在品质上做出任何妥协。

※ 基本要素之外的重要影响因素 ※

无论您访问哪个国家或咖啡庄园，所有优质咖啡生产都有几个不变的常数。它们是基本要素，例如只采摘成熟的咖啡浆果和使用最好的、经过时间考验的最佳品种，如波旁、铁皮卡和它们的变种。[要避开卡蒂莫（Catimor）及其众多分支：卡斯蒂略（Castillo）、伦皮拉（Lempira）、卡斯卡特科（Cuscatleco）等]。

一些创新的生产商将加工提升到了另一个层次。他们进行实验，目的是提高杯测概况。

其中一些实验为生产者带来了真正的突破，虽然最好的加工不会妨碍或让风土条件发光发亮，但这些创新有助于产品更加一致和可预测。

我认为以下几个步骤是最重要的步骤，但在生豆加工处理中执行力度还不够：

※ 咖啡浆果浸泡筛选 ※

无论人们多么小心地采摘一颗成熟的咖啡浆果，眼睛都无法看透果皮。成熟的咖啡浆果果皮可能隐藏的问题也许无关紧要，但如果里面只有一颗种子或者有严重的瑕疵，您最好不要把它放入您的精选清单中。

我合作过的优秀的生产商在去除果肉之前增加了一个额外的步骤，就是将咖啡浆果浸入水中并搅拌。这种浸泡会使未成熟的咖啡浆果漂浮起来，再通过机械方式简单地从水面撇去，这样就能将未成熟的咖啡浆果与整批次分离。

※ （大部分）加工处理过程使用清水 ※

许多善意的生产者会将水循环利用以减少他们的生态浪费。我完全支持在咖啡生产中对水进行循环使用，但是有几个步骤我不建议使用循环水，因为它肯定会损坏最终杯测的干净度。

我衷心鼓励使用循环水将咖啡浆果运送到清洗站，

※

浸泡筛选使咖啡浆果漂浮，然后将咖啡移至脱胶机，但这应该就是极限了。一定要检查生产商在咖啡的发酵和清洗时是否使用新鲜、干净的水。在这最后的步骤中，如果使用循环水，最终会得到带有酸味、醋味、腐烂水果味的软烂咖啡。

※ 干燥模式 ※

出于多种原因，生产商希望尽快干燥咖啡。如果生产商对咖啡的干燥缺乏耐心，他们就会遇到各种各样的品质问题，如活的微生物从中汲取养分造成咖啡寡淡无味或咖啡发霉等。我就有几次尝到霉味咖啡的可怕噩梦。

　　与专注于品质的生产商合作时，您不太可能遇到这样的问题。更有可能的是，您会遇到过分加热的干燥机，将推荐的干燥温度推得太高，甚至超过了危险范畴。大型机械式滚筒干燥机通常是这个问题的罪魁祸首，但我也看到过这种情况发生在晒豆场上，可能是因为晒豆场没有安装温度探测器。（此外，机械式干燥机上的温度计在咖啡干燥温度太高时有一个红色标识，很难让人看不到。）即使是干燥台也可能出现问题。

如果咖啡干燥得太快，水分含量可能会在几天内达到 13% 到 14%，然后继续下降几天或一周，直到它稳定在看似安全的 11%，正负 0.5%。水分含量读数看起来是正确的，但由于一些尚未完全理解的原因，咖啡的味道并不会很好。

　　在烘焙过程中，您或许有个目标，颜色或失重比率，取决于您是在 4 分钟还是 14 分钟内达到目标，它们会生产出两种口味截然不同的咖啡。干燥与烘焙并非完全不同：咖啡需要以始终如一的速度均匀干燥，至少需要超过 7 天，通常是 10 到 14 天，才能完全完成。

※ 关于水活性的说法 ※

在过去的十年中，对水分含量的分析又补充了一个额外的测量指标：水活性。水分含量衡量的是咖啡中的水分，而水活性则是衡量蒸气压的高低。根据维基百科，水活性是"物质中水分的蒸汽分压除以标准状态水分的蒸汽分压"。

按照定义，纯水的水活性是 1.0，咖啡生豆的水活性应该在 0.5 到 0.6 之间。水活性高于 0.6 以上会促进微生物繁殖，可能会导致风味迅速消退，甚至可能导致咖啡发霉。水活性低于 0.45 可能预示着烘豆发展问题的前兆。（埃塞俄比亚的是一个例外，因为即使水活性低于 0.5，它也照样令人满意。）

购买水活性仪和水分仪可能动辄几千美元。虽然这些看起来像是额外采购的东西，但是仪器的读数是减轻到货咖啡欠佳的必备要素。如果这些仪器超出您的预算，可以考虑和本地竞争对手一起购买，要是这也不可行，可与进口商合作，他们很可能有这种设备，而且会很乐意与您分享数据，只要这能帮助您做出正确的采购决策。（无论进口商多么积极地销售，他们会更积极地避免被退货。）

感谢红狐咖啡商的品质控制总监乔尔·爱德华兹提供本节中的资讯。

● figure 18, page 89

※ 湿度与温度 ※

咖啡生豆储存在潮湿的环境中，会使种子处于微生物活跃状态。在这种状态下，微生物是有生命的、会呼吸的，而且需要养分的东西。为此，它会代谢咖啡自身的营养物质。将咖啡干燥至稳定的水分含量水平（11%，正负 0.5%）是"冻结"代谢需求的一种方式。虽然干燥的保存效果并不明确，但稳定的水分含量可以显著减缓品质的下降。温暖的环境条件同样使水分保持活跃，因此对咖啡生豆有不利的影响。

当咖啡带壳时，应该存放在摄氏 21 度以下，相对湿度低于 50% 的环境。温度和相对湿度都很重要，因为温度越高，您想要的相对湿度越低，并且相对湿度越高，您想要的温度就越低。控制湿度和温度是确保咖啡保留原有品质的关键。

※
113

※※※※※※※※
品种及其杯测特征
Cultivars And Their Cup Characteristics
※※※※※※※※

不同的品种对风味有何影响？

波旁和铁皮卡是大多数现代咖啡品种的鼻祖，这两
个品种造就了大多数您能联想到的咖啡味道。大概
在 14 世纪，这两个品种从埃塞俄比亚的野生咖啡森
林中被带到也门。在当地，它们最初就被作为一种
咖啡作物种植，后来在 18 世纪初又被带到马达加斯
卡以东的留尼汪岛（原波旁岛，听起来像是咖啡品
鉴师的天堂）。如今拉丁美洲的咖啡大部分是波旁
和铁皮卡品种，以及它们的许多分支。

尽管咖啡品种被浪漫化，但比起相似品种如卡杜拉（Caturra）
与波旁之间的差异，风味的变化主要还是来自土壤、植株营
养、果实成熟度与处理法之间的差异。这可能是因为埃塞俄
比亚以外的阿拉比卡种咖啡，无论是直接或是间接，有极高
几率是波旁或铁皮卡，可能超过 99%。换句话说，当我们——
以及我们的顾客——说起咖啡的风味，我们谈的其实是波旁、
铁皮卡以及用它们培育出的诸多后代。

虽然如此，我通常是这样描述我杯测的波旁与铁皮
卡的差异的：波旁可能是感觉咖啡有巧克力味、焦
糖味且风味饱满的原因；而铁皮卡，可能就是觉得
咖啡有细腻的水果味、花香，以及令人满足的悠长
余韵的原因。

※

114

波旁与铁皮卡的盛行，使得瑰夏、马拉戈吉佩及其旁支，以及埃塞俄比亚古老优良的原生种，在杯测桌上如此明显突出。

卡杜拉、帕卡斯（Pacas）、波旁西托（Borboncito，波旁埃纳诺／矮株波旁、波旁 300）和提克士（Tekisic）在杯测上都很接近波旁，但我发现它们通常缺乏余韵，以至于品尝感受很短暂。根据我的经验，卡杜艾（Catuaí）这种常见的品种最多是有甜味，但在冷却的时候会有一点植物的味道。当然以我的杯测经验来说，所有这些品种都有相当多的例外。

● figure 19，page 90

● figure 20，page 90

卡蒂莫（Catimor）——源自帝汶杂交种，最初与卡杜拉杂交——的许多相关品种的杯测品质都较差。卡蒂莫在世界各地种植，只是往往没使用那么恶名昭著的名字：在洪都拉斯叫伦皮拉，在萨尔瓦多叫库斯卡雷戈，在哥伦比亚叫哥伦比亚或卡斯蒂略，在哥斯达黎加叫伊咖啡 90 号，在肯尼亚叫鲁伊鲁 11 号或班坦，在整个中美洲叫萨奇莫，诸如此类。每个新品种似乎都比之前的更好，但它们或多或少都有些相同。它们一开始都还算可以，有不错甚至很好的芳香，成熟的时候尝起来有甜味，但是一冷却，香味就会散去，失去了甜度，往往变得相当涩，而且几乎都变成了青涩的植物味。

作为买家，您如何处理品种取决于您的产品理念。在我采购咖啡的早期，我出于纯粹的好奇心和与顾客分享的愿望寻找稀有品种。可悲的是，它们送到时的状态却不如常见品种。我想比较保险的方法是偶尔入手一种罕见稀奇的品种，我建议去找已经证明有能力快速且稳定交货的供应商。稀有品种之所以有趣，是因为它的风味特征，而不是因为它的名字。

阿拉比卡有数百种已知品种，可能还有更多不为人知的品种。我不打算在此将它们全部记录下来，就像尽管我很喜欢讨论帕帕罗森斯（Purpurascens）的杯测概况及其紫色树木和咖啡浆果，但据我所知它在任何地方都没有商业化种植。同样情况的还有树形向上生长的艾瑞塔（Erecta）、看似永不开花的四季花

（Semperflorens）、咖啡因含量较少的劳瑞那（Laurina）以及许多其他品种。不过，还是有些品种值得讨论。

※ 瑰夏 ※

或许最令咖啡专业人士激动与兴奋的品种，就是不断打破种种规则的品种。瑰夏，众所周知的就是它奇异的杯测品质和高得离谱的标价。

> 瑰夏是超凡脱俗的，完全不像咖啡。它有一种令人迷醉的花香，并带有多汁的热带水果和柑橘类水果的味道。我常常发现自己感受到像番石榴、木瓜，甚至枫糖浆等风味，是我在其他咖啡中鲜少尝到的味道。瑰夏的枝干以大约 45 度角向上生长，它的咖啡浆果中间部分比大多数其他品种扁平得多。果实非常甜美，连豆子都是椭圆形的。

瑰夏之所以昂贵，是因为在大多数咖啡产地都不容易买到种子，那并不是特别健壮的植物。瑰夏咖啡风味格外出色，并且目前有着优质的名声。最后这一点不容忽视，但也不应该被过高评价：牙买加蓝山和夏威夷科纳也因为一直以来的优良名声，在市场上的价格高得离谱，但它们的咖啡风味远不如瑰夏的有品质潜力。

> 但是这值那个价吗？与任何咖啡一样，它至少部分取决于特定样品在您的杯测台上的表现如何，以及确切的成本。我也希望能够准确地告诉您我在这个问题上的立场：您应该买瑰夏吗？但这个问题不好回答，在我担任寻豆师期间，我参与了四次该品种的采购。我杯测了很多瑰夏，大多都非常惊艳，但太多其他品种也一样，价格却是瑰夏的九牛一毛。瑰夏的分数通常在 90 分或更高，而且我很少会不喜欢水洗瑰夏，但我也很少找到价格低于 20 美元的。我一直主张在产品表上展示各种不同的风味和价格，但瑰夏总感觉像是在"象征性购买"，只适用于少数鉴赏家或其他相信花更多钱在咖啡上意味着更好、更有趣的人杯测。我宁愿说服顾客尝试肯尼亚涅里（Nyeri），用负担得起的实惠的价格就能让它们惊为天人。

随着种植瑰夏的咖农数量的增加，您无疑将有更多的机会品
尝到它。

这里就让我帮您做一个瑰夏的最后结论：瑰夏的拼
法应该是"Geisha"，而不是"Gesha"。前者是该种
咖啡自 20 世纪中叶以来的拼写方式，而后者是因为
过去十五年来对该品种溯源寻根，有人揣测它是来
自埃塞俄比亚一个名为 Gesha 或 Gecha 的小镇（从埃
塞俄比亚官方语言音译到英语没有那么简单明确）。
有关瑰夏的起源目前知之甚少，而试图强行与 Gesha 镇联系
起来只会徒增混乱。

※ 新世界（Mundo Novo）※

新世界在巴西盛行，据说是波旁和苏门答腊品种的
天然杂交品种。新世界品种的豆子小而圆，非常适
合巴西的低海拔和降雨模式。对于巴西的许多咖啡
生产商来说，新世界与波旁如此接近，以至于由于
后者的声望，它常常就被称为波旁。而在世界其他
地方，新世界最为人所知的就是卡杜艾的父系根源
或者母系根源。我不确定咖啡杂交种的世系来源是
怎么一回事。

※ 卡杜艾 ※

如果您打算烘焙中美洲或南美洲的咖啡豆，您几乎肯定会遇
到相当数量的卡杜艾。该品种有黄色和红色两种，咖农若想
咖啡有不错的产量、良好的抗风雨能力以及杯测品质良好，
这是一个稳妥的选择。它于 20 世纪中叶在巴西由新世界和卡
杜拉杂交培育而成，具有与后者相似的树形和杯测品质，只
是余韵更干涩少许。

※ 莫卡（Mokka）※

比较新的品种之一是莫卡。莫卡的起源尚不清楚（有
记载说它来自也门和爪哇），莫卡豆子很小，花和
果实也是如此。它们是已知的最小的阿拉比卡豆。
我对莫卡的体验非常少，我无法说出它明确的特质，
但是我的体验又足以让我有把握地说，它在适当的

※

环境下会生产出高品质的咖啡。我杯测过的莫卡口味从丰富宜人、苦涩的荷兰可可到柔和甜美的博斯克梨皆有。莫卡仍然很少见，但在杯测桌上给人独特的感受，肯定会让您的客户一番评论。您可能需要调整一下您的烘焙方法，但它应该是属于很容易烘焙均匀的品种。

※ SL-28 和 SL-34 ※

让全世界的肯尼亚咖啡狂热者感到震惊的是，我将 SL-28 和 SL-34 归为一个品种来描述。虽然在肯尼亚以外的地方也能找到这些品种——萨尔瓦多和中美洲其他地方的少数著名生产商在种植——但仍然很少见。这两个品种是您品尝过的大多数肯尼亚咖啡的主流。

简单解释一下，斯科特实验室（Scott Laboratories）是从 20 世纪 30 年代至 60 年代设立于肯尼亚的咖啡研究机构，在品种开发方面开展了大量工作。在寻找具有酸度的咖啡时，斯科特实验室将精力集中在天然产生的磷酸上。因此，他们培育的大部分产品都是基于从也门和留尼汪岛带来的莫卡和波旁，他们对培育的品种进行了编号，其中两个随着时间推移脱颖而出：28 和 34。

SL-28 的花苞是浅绿色，杯测品质较为人熟知的就是柔和、带核水果、奶油丝滑和花香，这是两者中更微妙的一种。

SL-34 的花苞是青铜色，杯测品质接近橘子和黑巧克力、刺激尖锐。很难说是什么原因让肯尼亚的咖啡如此与众不同。很多人指出是漫长而缓慢的浸泡与发酵步骤，有人认为是严格的分级流程，还有人则认为是竞标制度。但是如若忽略了这两个品种在肯尼亚优秀咖啡中的卓越不凡，那可就太愚蠢可笑了。

※ 提克士 ※

提克士通常被称为"改良波旁"，由萨尔瓦多兰咖啡研究所（Salvadoran Institute for Coffee，ISIC）在 20 世纪 50 年代至 70 年代培育的。提克士的名字由在纳瓦特尔语中意为"工作"的"tekiti"，加上 ISIC 组合而成。萨尔瓦多兰咖啡研究所通

过大规模混合选种的方法，从波旁培育出了该品种。他们挑
选产量、品质和总体健康状况特别好的咖啡树，采集种子，
重新种植，然后再次重复这个过程。这解释了为什么花了将
近 30 年的时间才培育出这个品种。

※ 卡杜拉 ※
卡杜拉是波旁的一种自然突变种，最初是在巴西发
现的，为人熟知的就是杯测品质类似波旁，只是它
的植株更小、更矮，也更能抗风。与萨尔瓦多兰咖
啡研究所对提克士的研究一样，巴西坎皮纳斯农学
研究所（Agronomy Institute of Campinas, IAC）也是通
过"大规模混合选种"进一步选择了卡杜拉。
卡杜拉的风味层次更加丰富，从樱桃到柑橘，从黑巧克力到
焦糖都有。

※ 帕卡斯 ※
如果我稍微暗示帕卡斯是萨尔瓦多的卡杜拉，那会
让萨尔瓦多的许多朋友感到不适，所以我就不说了。
我会说，帕卡斯同样是波旁的自然突变种，具有相
同的单基因突变（通常称为"侏儒症"），导致植
株更矮更小。在以多风著称的萨尔瓦多，侏儒症有
助于保护植株免受风害。
帕卡斯于 1949 年在萨尔瓦多圣安娜的帕卡斯家族咖啡庄园被
发现大约十年后，萨尔瓦多兰咖啡研究所开始大量进行帕卡
斯的混合选种，当今萨尔瓦多约四分之一的咖啡产量都是该
品种。帕卡斯主要分布在萨尔瓦多和洪都拉斯。
● figure 21, page 91

※ 象豆（Maragogipe）（和帕卡马拉和马拉卡杜拉／马拉卡杜）※
后两者（帕卡马拉和马拉卡杜拉／马拉卡杜）来自
第一个（象豆）。和单基因突变造成卡杜拉和帕卡
斯侏儒症相反，象豆是铁皮卡的单基因突变，于 19
世纪在巴西被发现，突变的结果就是超大的植株、
树叶、果实和所谓的"象"豆。

为了使这些巨大的植株更容易采伐收成，萨尔瓦多兰咖啡研究所将象豆与帕卡斯杂交，但产生的帕卡马拉并不怎么稳定，并且半常态地退化成象豆，甚至帕卡斯。还应该指出的是，萨尔瓦多兰咖啡研究所喜欢将单词组合成更可爱的新单词。象豆和卡杜拉的类似杂交就产生了马拉卡杜拉（又名马拉卡杜）。

除了产出令人唏嘘的巨大豆子外，这些品种杯测往往会呈现出浓郁的柠檬酸味，非常接近柑橘和葡萄柚，如果它们脆弱的构造在运输中没有被破坏，就会有一种发泡的特质。我曾经喝过的一些令我印象深刻的杯测咖啡风味中，有一些正是来自刚从晒豆场下来的帕卡马拉；而一些最令人失望的经验，则是三个月后刚从货柜栈板上拿下来的帕卡马拉。帕卡马拉和其他大型豆子很难被均匀烘焙，会导致外观看起来还比较理想，但实际上豆子中心未烘焙发展成熟。

※

※※
EKCG
（最出类拔萃的四个产地国）
※※

哪些咖啡产地优于其他产地？

我不可避免地会对特定产地产生偏好，这里面有很多原因，我会详细说明，但无论如何最终结果就是，我认为有四个产地能稳定产出最佳品质。当然，这并不表示您在其他产地就不能找到优质咖啡，您肯定还是可以找到的。我的意思只是说，这四个产地目前能给您最大的机会，找到多样化的出色选项。

我常被问到，哪里的豆子最好。全世界大约有两千五百万咖农，所以几乎没有办法判定。我通常会说："哦，全都很好！"如果我更圆滑一点，要让提问的人高兴，我会说类似："一个国家最好的咖啡，跟其他国家最好的咖啡差不多都是一样的。"但如果是跟好朋友一起，我会坦承我认为四个国家最出类拔萃——埃塞俄比亚、肯尼亚、哥伦比亚以及危地马拉（这四者我合称为 EKCG）。

※ 埃塞俄比亚 ※
埃塞俄比亚能够名列前茅，丝毫不让人意外。这个几乎确定是阿拉比卡种咖啡发源地的国家，有许多区域出产独特、杰出的咖啡。从带有花香、柠檬酸的耶加雪菲（Yirgacheffe），甜美如蜜的西达摩（Sidama），到日晒咖啡饱满浓郁、带有巧克力风味的哈拉（Harar）。这也是我认为世上少数几个可以找到真正优异日晒咖啡的区域之一（其他地方还包括了也门，以及巴西的喜拉朵）。

北欧之道（Nordic Approach）的莫顿·温纳斯加德（Morten Wennersgaard）指出，埃塞俄比亚"非常多元，有太多不同的地区，都有着自己独特的本地栽培品种和种植条件"，而咖啡工坊（Coffee Manufactory）的克里斯·乔丹（Chris Jordan）则若有所思地说："我们很难不认为埃塞俄比亚的风味是完美的，其他的每一次迭代都是稀释后不完美的副本。"

● figure 22, page 92

埃塞俄比亚的咖啡生豆品质保持时间通常比其他地区的咖啡生豆保持时间更长。即使随着时间的推移它变得温和，它的甜度、柠檬酸和花香调性也能保持很长一段时间。瑞士水（Swiss Water）的迈克·史川普菲（Mike Strumpf）对此表示赞同，他提到埃塞俄比亚咖啡"有一种不可思议的本领，风味可以随着时间的推移变得更好，而不是味道消退。我不知道他们是怎么做到的"。您在进口商的现货清单上差不多都能找到一些埃塞俄比亚水洗咖啡，它们可以给任何一款综合豆增添精致优雅，不管是意式浓缩还是其他咖啡，不仅如此，它更是单品咖啡的必备选项。

只不过，埃塞俄比亚咖啡并不只是杯测品质出众。克里斯·乔丹回忆起他对埃塞俄比亚的访问，他说："我热爱当地的文化就像热爱当地咖啡一样，音乐、艺术、食物和自豪的人们。"咖啡狂野出色。埃塞俄比亚人比其他任何国家都更喜欢咖啡和更懂得欣赏咖啡——咖啡仪式正是咖啡的本质和该有的样貌。

主要杯测特征：姜汁柠檬汽水。

※ 肯尼亚 ※

在我 16 年的专业咖啡杯测工作中，我学到咖啡的某些特质是意外的产物，这些意外反映出的是操作不当，无论问题是在庄园、湿加工厂、各种日晒干燥方法、干加工厂，还是仓库。即便最好的咖啡，我通常也能发现一些蛛丝马迹，透露出有某个地方品质下滑。因为制作品质好的咖啡有很多步骤，没有一个人能控制整个过程，它在供应链的每一步都需要合作

和信任，错误是不可避免的。

　　但肯尼亚是最接近完美的代表。肯尼亚的咖啡产业已经很成熟了，处理过程清洁干净、加工手法专业，而且包装经得起老化。其杯测品质正是我所寻找的所有产地的加强版，无论甜度、风味还是醇厚度。甜度呈现的主要是焦糖、蜂蜜或黄金葡萄干。肯尼亚的咖啡会有明亮的酸度，可以催化出从柑橘到黑醋栗的风味，余韵会带有花香或佛手柑的味道。醇厚度向来浓厚如蜜糖，不会让层次丰富的风味消退。

当我和其他寻豆师交谈时，"干净"是最经常出现的一个词。这是一种描述维持咖啡豆和风土固有的味道和品质保障的有效术语，而肯尼亚在这方面做得很好。"我喜欢来自肯尼亚的咖啡，因为它的工艺，"阿莱科·奇古尼斯说。"没有任何其他咖啡产地能像肯尼亚那样致力于让咖啡更干净。它们带来了浓郁的味道，从芳香到成熟水果核心。"

　　为什么肯尼亚咖啡如此特别，这是一个有争议的问题。梅特 - 玛丽·汉森（Mette-Marie Hansen）曾是肯尼亚内罗毕多尔曼咖啡公司（Dorman 's Coffee）的一名交易商和杯测师，她将其归因于多种元素的组合。

　　"肯尼亚非常注重推广，非政府组织和出口商都非常努力，因此咖农通常可以通过他们的合作社获得培训项目。此外，高海拔地区和天然的土壤成分，提供了绝佳的种植条件。"

阿莱科更倾向于原因在于处理过程。"这是整个行业中最精细的，两次发酵、两次清洗、浸泡和两次干燥的咖啡豆可能是所有咖啡中受影响最大的。除了特殊的斯科特实验室变种之外，这种加工处理方式给我们展示了一个肯尼亚咖啡风味的独特视角。"

　　● figure 23, page 93

　　不管是什么原因让肯尼亚咖啡如此特别，最值得注意的是它们如何张扬地宣扬它们的风味。"如果埃塞俄比亚咖啡是这世界上细腻微妙的、高贵的勃艮第风格的咖啡，那么肯尼亚就是丰饶奢华的波尔多风格咖啡。"阿莱科说。"这些咖啡是为那些想要获得不可否认的味道体验的人准备的，而不是花更多力气破解他人的口味密码。"

梅特·玛丽说得很简洁："每次我品尝到非常优秀的批次，我都会微笑，因为它们真的是令人惊叹的咖啡。"

主要杯测特征：柑橘、黑莓。

※ 哥伦比亚 ※

闭上您的眼睛（至少象征性地），想象有一个产地能囊括所有其他产地的风味特色。现在睁开眼睛，您想象的是哥伦比亚。哥伦比亚在咖啡行业有一个奇怪的名声，是因为它几十年的营销炒作：如果您让 8 岁的我说出一个咖啡的产地，我可能只能说出哥伦比亚。所有这些广告的不幸结果是，消费市场上充斥着低质量的咖啡。

然而，哥伦比亚是一个独特风味种类和各种处理方法的大熔炉，从北方的大型庄园，到乌伊拉省[1] 的创业型中等规模农庄，再到能在考卡找到的小农场，而这些都只是我去过的地区。我在品尝来自哥伦比亚的咖啡时，发现一些样品让我想起埃塞俄比亚水洗西达摩的甜美柑橘、肯尼亚的柑橘和黑莓、洪都拉斯圣巴巴拉的甜美尤加利和桃子、布隆迪卡扬扎的香草豆和黑醋栗、危地马拉安提瓜岛的红糖和微妙的香料，还有其他种种味道。

其他买家也同样印象深刻。"我一直为在哥伦比亚能找到风味多样化的豆子惊叹，甚至邻近区域的豆子也是如此。"阿特拉斯进口公司（Atlas Importers）的克里斯·戴维森（Chris Davidson）说。克里斯·乔丹认为，安第斯山脉和"令人难以置信的地理多样性创造了美丽的小气候和如此多的风味"。或者，正如莫顿·温纳斯加德所说，"由于地理和小气候，就算在一个国家内也像是在完全不同的地方"。

这足以让哥伦比亚登上我的首选产地名单，但不仅如此。哥伦比亚几乎全年都生产很好的咖啡。对于花了时间和精力在那里建立知识网络和关系的买家来说，这可不是一个无关紧要的细节。

※

[1] 乌伊拉省（Huila），有时候被译为慧兰或蕙兰。

主要的杯测特征：巧克力、樱桃。

※ 危地马拉 ※

危地马拉的全国咖啡协会做了大量的工作，以推广该国各个地区及其相应的杯测特性。虽然危地马拉确实生产各种各样的咖啡风味，但对我来说，危地马拉的典型特征是这个国家始终在许多情况下都有效产出优质咖啡。不像这份名单上的其他产地，危地马拉咖啡不太可能在杯测桌上突然引起您的注意，炫耀它们的异国情调。相反，它们会以其令人难以置信的平衡感、成熟的酸度、微妙细腻但毋庸置疑的水果香味、香料和持久的红糖甜味来赢得您的青睐。

许多采购者被危地马拉宽泛的各种风味所吸引。迈克说："危地马拉的各种风味都让我感到惊讶。"克里斯·乔丹宣称，这个产地"可能有最明确的地理风味特征"，并特别提到了安提瓜、韦韦特南戈、阿提特兰、弗雷亚内斯和圣马科斯，他说，"这些咖啡在味道上很经典，但每个地区却又是独一无二的。"

克里斯·戴维森在韦韦特南戈高地做了很多工作，他回想起小生产商以非常规方法创造优异咖啡的神奇能力："危地马拉最迷人的事情之一对我来说，是当地的小型农户如何生产出令人惊奇的咖啡，他们使用的条件和方法以教科书标准来看是绝不会生产出如此优质的咖啡的。看到88分的批次出自伊西尔或韦韦特南戈的咖农，来自树龄三十年、枝叶伸展达20英尺的细长波旁树，使用的是手摇曲柄去果肉机，发酵是用塑料桶或木箱，因为低温高湿而用香蕉叶覆盖方式三十小时，这对我来说是相当不可思议。"

主要的杯测特征：红糖。

20

※※※※※※※※※
其他出众的咖啡产地
The Best of the Rest
※※※※※※※※※

还有哪些出色的咖啡产地?

我已经不遗余力地赞扬了全球四个不断成长的出类拔萃的产
地，但事实上，您可能还会寻找更多的东西来满足您的咖啡
供给需求。好吧，没关系，至少我也尽力了。

尽管那些地区在我看来更胜一筹，但许多其他优质
的产地生产的咖啡通常也可以与埃塞俄比亚、肯尼
亚、哥伦比亚和危地马拉最好的咖啡相媲美。

※ 卢旺达和布隆迪 ※

如果不是因为马铃薯的植物病害因素而恶名在外，这两个国
家的咖啡，其中一个或两个（我押布隆迪）都会在我的前四
大名单 EKCG 上了。这两地的咖啡都有甜香草豆风味和令人
愉悦的葡萄干风味，偶尔还有木槿花的风味，而最优质的布
隆迪咖啡还有一丝层次丰富的黑皮诺[1]调性——黑樱桃、香
料和前段酸度。水洗站倾向于将周围小批量咖农的咖啡果实
集中起来，并采用长时间的发酵浸泡处理，类似于肯尼亚的
做法。

值得关注的优质产区：卢旺达的布塔雷；布隆迪的
卡扬扎（假如边境上没什么问题的话，两地之间车

---

[1] 黑皮诺，葡萄品种之一。

程仅 45 分钟，相当方便）。

※ 洪都拉斯和萨尔瓦多 ※

"温和无害"是描述这些中美洲主力产品的方式之一。这听
起来或许不像是一个响亮的认可，但即使是最好的地区的咖
啡生产商有时也无法获得"无害"的地位。随着萨尔瓦多的
波旁、帕卡斯和提克士以及洪都拉斯的卡杜拉、波旁、卡杜
艾、帕卡斯和铁皮卡的混合，这些产地种植出很好的品种。
凭借良好的土壤、扎实的工序，以及对水洗咖啡的关注高于
一切，您可以相信这些国家的许多区域都能生产出优质咖啡，
其中有一些能稳定生产出一致的 90 分咖啡。当我第一次品尝
来自洪都拉斯圣巴巴拉地区的咖啡时，它们那种平衡、干净、
丰富的水果风味和宜人的尤加利特质让我对咖啡的理解发生
了很大的变化。同样，没有什么咖啡比来自萨尔瓦多圣安娜
火山山顶的完全成熟的咖啡更让人联想到综合水果汁。

> 值得关注的优质产区：洪都拉斯圣巴巴拉；萨尔瓦
> 多圣安娜；萨尔瓦多梅塔潘。

※ 哥斯达黎加和巴拿马 ※

几十年来，哥斯达黎加和巴拿马是不那么令人提得起兴趣的
产地。两国都不能大量生产，而且在大多数情况下，生产的
咖啡都是混合在一起的，最后得到的是还算过得去、寡淡无
味的杯测品质。后来巴拿马和哥斯达黎加"发现"了微型处
理厂，巴拿马又发现了瑰夏。21 世纪初期翡翠庄园（Hacienda
La Esmeralda）在"最佳巴拿马"竞赛中以瑰夏让所有杯测师
惊为天人，大获全胜，引得许多邻近的咖啡庄园开始种植这
个特殊品种，结果喜忧参半，只偶尔会有令人兴奋的批次。

我对哥斯达黎加的发展比巴拿马更感兴趣。多年来，
大型区域性处理厂从小咖农那里购买咖啡浆果，然
后不知道什么原因促使这些小咖农自己也处理，分
别加工，最后自产自销。由于哥斯达黎加有许多种
微气候和微风土，这导致了大量独一无二的杯测特
质。再加上一些出口商愿意努力分析并做出正确的
营销，就如同有了一个全新的产地一般。

> 值得关注的优质产区：哥斯达黎加塔拉苏；哥斯达

※

　　黎加奇里波；巴拿马博克特。

※ 厄瓜多尔、秘鲁和玻利维亚 ※

把这么一大片咖啡生产国混为一谈是完全不公平的，但它们彼此接壤，所以我就合起来说了。这些产地有能够不断生产出稳定优质咖啡的潜质，如果您正在努力寻找合适的生产商的话，可以考虑。

　　值得关注的优质产区：玻利维亚卡拉纳维；秘鲁库
　　斯科；厄瓜多尔基多。

不要止步于此，因为这些只是我关注的地区和产地。您会找到您自己的，还可以在这些地方做更深入的研究和挖掘。

※※※
季节性
Seasonality
※※※

什么是季节性因素呢？
什么时候的咖啡正当时令？

我还在毕兹咖啡工作时，有人告诉我烘焙豆必须要
非常新鲜，但咖啡生豆可以储存长达一年到两年。
看着坚硬的咖啡生豆，当时的我认为这是合情合理
的。毕兹咖啡有意供应"陈年"咖啡的事实——通
常在开放式仓库中存放三到五年，直到发展出草本
和木香——更强化了我认为"生豆几乎不可能被破
坏"的概念。

和我在毕兹学到的许多东西一样，后来我有了不同的观点。
咖啡的季节性是试图将标准应用到咖啡生豆的新鲜程度或应
该有的程度。大多数季节性标准的尝试都是基于重复收获周
期的持续时间，或至少与之相关的。例如，一些烘焙师可能
认为咖啡只有在收获后六个月（或九个月或十二个月）内才
是"当季的"，或者他们可能认为咖啡是季节性的，只要咖
啡豆的产地没有生产更新鲜的豆子，都算新鲜的。

这个划分太武断了。这样的规则并不能为您的产品
表上的一种咖啡正名，该咖啡离收获只有三个月，
但味道已经渐渐消散，失去了它的特性，或者更糟
糕的是，已经有了淡淡的陈化风味。同样，对一个
收成已经十二个月但依然干净有生机，没有一丝陈
豆的气味的豆子来说，这类规则也很残酷。（向埃

塞俄比亚和肯尼亚致敬。）在我工作的早期，我试图创建一个产地和对应季节的时间表，但我意识到最好的解决方案是放弃任何对时间的考虑，因为它搞错了重点。我们关心季节性是因为我们关心杯测的品质。

一支咖啡只要杯测品质鲜明活泼，展现有层次的酸度，而且没有任何陈旧的迹象（纸味、麻袋味、涩味等），就应该被认为是当季的。不需要搞得更复杂。如此一来，咖啡的"季节性"本质上就是"寿命"的同义词。

在不同的市场中，农产品的季节性也不同，同样地，许多因素有助于咖啡季节性的定义。除了咖啡豆本身的完整性，两种干燥方法（我认为这是咖啡季节性中最可控、最容易改善的因素）和在产地以及国内的储存方式，都对咖啡的寿命有巨大的影响。

所以，显而易见又刻意忽略的问题就是那些用武断的季节性规则投机取巧营销的烘豆商。他们为什么要这么做？有两个最明显的理由：

① 采购方便。烘豆师已经从许多国家购买了少量的咖啡。只购买仅能维持短时间的量是一种很自然的规避风险的方法，这也没什么不好的。事实上，如果您规模够大，能够将您的资源分散到许多产地，我通常建议这样做，这就会导致第二理由……

② 大型烘豆公司知道，小型烘豆作坊很难遵守这样的自我设限的规定。较小的烘豆作坊可能只雇佣一个（或兼职）寻豆师，而较大的烘豆公司的采购团队则有两到六名专职员工（一到两个旅行寻豆师，外加一群杯测实验室人员）。

如果例外比符合规律的多，所谓的季节性有什么好处呢？如果您有一些味道很好的陈旧咖啡豆，还有一些相对较新的但是已经失去吸引力的咖啡豆，那么您应该重新考虑一下您的季节性规则了。

好好了解您的咖啡，并注意它们是如何随时间变化的。例如，我通常信任来自埃塞俄比亚和肯尼亚的咖啡，它们在收获后风味品质能持续很长一段时间。我记得有一次一个烘焙师收到了一批运送时间超过

咖啡

※

一年的埃塞俄比亚咖啡豆，他烘焙了一些作为样品，那是我那一年喝过的最好的咖啡之一。当在一个产地有大量类似的故事时，那就不是一种奇迹。

另一方面，我喝过来自哥伦比亚的咖啡，刚抵达时的味道就跟刚从晒豆场上出来一样。但八到十周后，就失去了吸引力。我也喝过其他产地的咖啡，始终达不到出货前的品质。根据我的经验，收成后越潮湿的产地的咖啡，它的"季节性"就越短。（比起所谓的"季节性"，这才是真正的法则。）

※ 冷冻生豆 ※

我可以很有把握地说，将生豆冷冻是有益的，只不过要先提出警告：就像在新鲜阶段曾经冷冻过的烘焙豆，会更快走味、腐坏，同理可知，生豆在解冻后也会比正常的咖啡豆更快走味、腐坏。

我并不完全接受将咖啡和葡萄酒做比较，咖啡的年份概念对我来说有点荒谬。比起通心粉和奶酪，咖啡的确更像葡萄酒；但再怎么像，咖啡终究是咖啡，咖啡还是新鲜的好。

如果烘豆师的目标是将咖啡豆冷冻三到九个月，直到用得上的时候，那就又是另一回事了。我不想让人觉得我思想局限，但这里提出的问题是经济问题。因为没有国际咖啡组织认可的仓库可以代为冷冻咖啡豆（就我所知），您必须买断咖啡豆，然后自己冷冻，直到准备进行烘焙时才拿出来，这个做法花费巨大。许多烘豆师确实会买断咖啡豆，如果您有现金的话也应该这么做，因为进口商的融资条件有限。最重要的是，您还得修建或维持一个冷藏室。

除非有突然激增的冷冻仓库，或者您突然从叔祖父那里继承了几十个大型冷冻库，否则我建议您坚持遵守良好的预测（参见 3-6-12 的方法）。

※ 二月份的 86 分 > 四月的 88 分 ※

多年来，购买咖啡的工作内容似乎显而易见：找到您能找到的最好的咖啡，然后买下来。

这通常意味着到了收获季节的后期，您才能品尝到种在山顶的咖啡，它们成熟缓慢、酸度复杂且甜度弹性大。在确认采购时，这些咖啡会在产地的杯测桌上或国内的实验室里令人眼花缭乱。但在收获季季末采购就有些问题：

① 咖啡产自降雨丰富的热带地区，收成季往往是在旱季，紧接着就是雨季。雨水带来湿气，对咖啡生豆可能有相当不利的影响。

② 随着收成季的推移，越来越难以有效率地合并小批次送往同一个国家，这就减缓了出口的速度，而且……参考第一点，湿度越大，越会对附近的咖啡生豆产生负面影响。（集装箱运输在出口业务中是一种固定的高成本——无论全满还是空柜都是几千美元。即使您愿意吃下成本半柜装运，对进口商和出口商来说，也不值得花那个时间。如果您要做，需要花大力气说服他们，而为了保持和供应商的良好关系，我建议不要这样做。）

③ 即使您能装满一个集装箱，干加工厂获得后援，通常也要持续几个月，而且……参考第一点。您坚持等四月的 88 分咖啡，到了八月或九月收到咖啡时，可能已经变成 85、84 或 83 分了。

在 2010 年 1 月中美洲的收成季开始时，我想用个不同的方法。当我看到我四月和五月挑选的 88~90 分咖啡，品质掉了 2 到 5 分，而且得花四到五个月的时间才到达，我知道有些事情必须改变。我在安提瓜岛杯测了大量的日批次样品，它们真的很好——干净、甜美、优质可靠——但不是我想要的最佳咖啡。招待我的东道主路易斯·佩卓·泽拉亚向我保证会有更好的咖啡，可是那些都是 86 和 87 分的咖啡，如果它们到达加州时的味道能像在杯测桌上一样好，那么与正常情况下的咖啡相比，它们将是非常棒的。

所以，知道那一年我会从安提瓜买多少袋之后，我当时就买了一半的数量。因为当时还是收成季相当早的阶段，我的进口商可以在二月下旬将豆子运到旧金山。那二月份时我就有 86 分的、新收成的危地马拉咖啡送到烘豆厂了。由于每年春天（有时是夏天）都是一场漫长的等待，等着第一批中美洲咖啡到货，这对我们来说，就像沙漠里的汽水站，这批咖啡在抵达旧金山时，味道甚至比在危地马拉时更好。

随着这样的经验增加，我想到其中有一个规则。这个规则并不精确，但我坚持认为二月份的 86 分相当于三月份的 87 分，而这又等于或大于五月的 88 分，以此类推。不过，这个规则是有局限性的。首先，如果您需要 86 分的咖啡，不要在十二月跑去买 84 分的咖啡；其次，不要指望这些能适用于中美洲（大多数地区）收成月份以外的时间（尽管您可以为其他产地的其他收成月份制订类似的规则）；第三，除非您有非常可靠的出口商／进口商关系与转载运输方案，否则购买六月在危地马拉仓库里的 92 分咖啡得多加小心。规则的惩罚依旧存在：如果您坚持等到下个月，就只为了喝一杯好一点的咖啡，那等到货柜抵达时，品质可能还不如您现在喝到的分数仅低 0.5 个点的咖啡。

※

133

※※※
咖啡生豆储存
Storing
※※※

应该如何储存咖啡生豆？

与我共事过的大多数哥伦比亚咖农都是只拥有两到五英亩土地的小型农户，通常还有一些果树，并养着十几只鸡。在 2010 年，我拜访了哥伦比亚一个非常大的咖啡庄园，大约有 750 英亩，其中 90% 用来种植咖啡树。那是主要种植波旁与铁皮卡的有机咖啡庄园，有着令人印象深刻的品种培育园（大约有五十种不同的品种，从新品种到真正出色新奇的品种皆有），而且庄园主还想在咖啡庄园做更多的事情：他以前满足于达到中等质量，但他现在对生产高质量的产品感兴趣。

● figure 24, page 95

于是他争取了一些农学家的帮助，而我也设法跟着一起参与。在我抵达时，这位咖农已经在果实拣选上取得了巨大的进步，从原本各色不成熟的果实全部混杂、令人失望的做法，到严格拣选红色的熟果。这个过程是通过一些有趣的竞赛来完成的，让采收工人比赛挑出最一致的成熟果实。奖品包括电视、立体声音响等。

但是情况并非都那么美好。虽然杯测显示有改善了，但却没有达到我们预期的 2~3 分的提高。我们很快就调整了方向，集中在两个可能会导致产品质量下降的问题上。首先，果肉筛出机器似乎极大地破坏了生豆，划破了豆子使其暴露在恶劣的环境中，最终影响了杯测品质。其次，在处理和日晒干燥后，咖啡豆被储存在炎热、潮湿的仓库里，这会慢慢地扼杀咖啡豆的品质。当时仓库的相对湿度约为摄氏21度，相对湿度接近80%，这意味着空气中含有太多的水分，无法保持豆子的稳定。在这种温度和相对湿度的结合下，咖啡豆不是静止休眠，而是仍然可以发育、呼吸的种子。由于没有植株提供的养分，它就会消耗那些构成烘焙咖啡令人愉悦的脂肪和蛋白质。无论采取什么其他措施来提高这个咖啡庄园的质量，只要这种糟糕的储存情况持续存在，那什么努力都起不了作用，因为储存影响了生产的所有咖啡。

※ "醒豆/养豆" 谬误 ※

在某些时候，有人会告诉您一个类似这样的故事。当杯测的分数被制成表格讨论时，出口商瞥了一眼他经验丰富的买家——买家在杯测方面经验丰富，更重要的是，熟悉咖啡抵达目的地的状况，"想象一下，"这位急于完成交易的出口商说，"这些咖啡如果再养一下该多好。"

啊，"醒豆"或者"养豆"。从西班牙语翻译过来，这个词的意思是"一种休息、睡眠或安宁的状态"。这用在咖啡领域，通常是指咖啡豆经过加工处理，完成日晒干燥后将咖啡豆静置一段时间使其品质稳定下来。或者，正如 sweetmarias 网站所描述的那样，"在带壳咖啡豆日晒干燥后，放置三十天到六十天以便让豆子品质稳定。在巴西，养豆时间更长。此步骤对于咖啡的寿命至关重要，而且是在处理或去除羊皮纸之前。如果不养豆，咖啡会很快走味儿，变得松松垮垮，带有麻袋味"。"醒豆"也被称为"养豆"。

● figure 25, page 96

※

135

这只有当您把咖啡视为"一种有生命的、会呼吸的有机体"时，更进一步诠释才有意义。我的意思是，如果您经历过所有工序大概会感到疲倦，但每当我向生产商、处理厂商或出口商寻求"养豆"背后的逻辑时，他们一般都说是为了让批次中的水分平均稳定。这只是日晒干燥过程的描述。如果日晒干燥工序进行得太快，咖啡的水分分布可能会非常不均匀。就这种情况来说，"醒豆""养豆"肯定会提高批次的水分含量，并且很可能会产生更好的杯测。

如果您特别留意，您就会注意到主张休眠养豆的支持者大多都依赖更快的三到七天的干燥方法，特别是使用机械干燥机以及温度更高的晒豆场日晒干燥方法。我应该指出的是，人们可以成功地实施这两种方法，同时这需要令人难以置信的技能，他们应该专注于被干燥的批次的品质，而不只是看花多少时间才脱离烘干机。现实情况是，咖啡庄园通常没有晒豆场空间或机械干燥机让咖啡豆以较缓慢的速度干燥。为了效率和生产流程，最好把前一批咖啡豆从晒豆场或者干燥机中拿出来，进行装袋，以紧密扎实的状态储存等待运输。如果您用的是透气包装袋，咖啡就顺便在袋子里完成干燥。

另一方面，在哥伦比亚南部，有个地区几乎没有晒豆场或机械干燥机。我固定采购的棚架日晒干燥批次，几乎是在两周的干燥期之后立刻装货运输。在送到加州时，我发现这些咖啡豆是我买过的最稳定可靠的批次，反映的特征与品质跟我刚从咖啡棚架上拿下来尝到的一模一样。

供应商希望咖啡在干燥完成后风味更上一层楼，这一点合情合理，但我几乎从来没有遇到过这样的情况。可以理解的是，并非所有的咖啡庄园或处理厂都有足够的空间或劳动力来慢慢干燥咖啡超过两周，但我体会到缓慢日晒干燥、稳定的水分含量、水分活性和稳定的品质之间有很强的相关性。我不能说"休眠"或"养豆"会伤害咖啡，但任何将咖啡豆在产地停留时间延长一两个月的行为都是我尽量避免的，原因在前面提到（参见：二月的 86 分 > 四月的 88 分）。

23

※※
包 装
Packaging
※※

包装和运输咖啡生豆的最佳方式是什么？

真空密封是包装咖啡的最佳方式，因为它可以将水分和空气隔绝在外，并有助于减缓对咖啡豆有害的呼吸作用。然而，它也是最浪费和最昂贵的包装方法，通常每磅咖啡生豆的成本在 15 到 25 美分。此外，还需要特殊的设备，这道工序通常是干加工厂业务中较次要的部分，而且经常会导致延迟、拖延。当您把 99% 的咖啡豆都装在粗麻袋里，您就会找理由为需要真空包装的一小批次改变整个过程。当然也有例外，肯尼亚多尔曼和哥伦比亚的维麦克斯，他们惯用真空包装咖啡，也是这方面的专家。

真空包装的缺点不应该被斥为寻常琐事。我花了数年时间试图说服出口商为我真空包装咖啡，但最终还是放弃将它作为我的主要包装方法。虽然我成功地说服了许多干加工厂相信真空包装的价值，哪怕彼时咖啡豆已经装船，但不可否认这是对正常干加工程序的中断，因此总是会延误到大部分咖啡已经准备好出货才会执行。与此同时，我珍贵的微批次可能产自某个潮湿的国家，品质正慢慢地降低。回顾过去，我的真空包装咖啡的经历是失败的。

另一方面，粗麻布袋是最便宜也是最简单的包装方法。每个干加工厂都有把咖啡放在传统麻袋里的经验，袋子是由廉价的可再生资源——黄麻制成。这是一种强韧、柔软的植物纤维。然而，这些袋子对保护咖啡免受环境的影响几乎没有什么作用——水分和空气可以自由地流过多孔透气的麻布袋。此外，因为是一种有机物，黄麻会变得有点臭，而咖啡生豆带有黄麻的味道也不是没听说过。因此，用粗麻袋装的咖啡有可能在抵达时品质风味等受其影响。集装箱没有完全密封，对跨海旅程中的天气状况提供的保护有限。换言之，真空包装的豆子在等待更完美的密封时，有暴露在潮湿环境的风险，而黄麻布袋包裹的咖啡虽然完全不浪费时间就装进袋子了，却根本无法保护咖啡豆不受其他许多风险的影响，包括过度潮湿以及黄麻本身。

基于上述原因，我通常会折中选择，选择有 GrainPro 塑料内袋或其他有塑料衬里的粗麻袋，保护咖啡不受湿气和空气的影响。这些麻袋的成本通常分摊到每磅生豆最多只要 5 美分或更少，而且包装过程在干加工厂很容易实现，因为包装工只需要在粗麻袋里面衬上塑料——前提是他们提前把袋子准备好。众所周知，由于物资短缺，这些袋子在收成时很难获得。与真空包装不同，当您与供应商合作，预测采购量时，可以很容易地提前解决这个潜在的问题，只要告诉对方您希望麻布袋里有塑料衬里。

再多的准备工作也不能保证真空包装路径的成功。即使您购买了足够量的咖啡豆来说服您的供应商投资真空包装机，仍然有一个相当大的学习曲线来启动和运行。相比之下，把一个袋子套入另一个袋子里几乎没有学习曲线——尽管我也曾经看到过一整批咖啡被处理厂用黄麻袋子套进 GrainPro 塑料袋子里。

※※
瑕疵
Defects
※※

您的咖啡有什么问题？

虽然与供应商的密切关系和沟通会对您购买的咖啡生豆大有裨益，但您仍然会遇到样品瑕疵，偶尔在您购买的豆子里也有——哦，真是要命！精品咖啡所谓的"每颗咖啡都是一片雪花"，多少也意味着即使是您最好的咖啡也可能满是瑕疵。如果您能够辨识、列举并传递给您的供应商，将帮助每个人进步，我们就花点时间来研究一些瑕疵以及它们对您的咖啡可能造成的影响。

※ 咖啡生豆分级 ※

> 黑豆

〔外观〕　　　完全或部分覆盖着一层不透明的深色 / 黑色
〔味道〕　　　泥土味、霉味或酚类的味道（一种药味或碘酒的味道，非常难闻）
〔原因〕　　　过度发酵，过度成熟的咖啡浆果
〔如何避免〕　只收获成熟的果实；避免过度发酵；密度筛选或手工分选

酸豆

〔外观〕　　　　黄色豆子（有时还带点棕色或红色）
〔味道〕　　　　酸味或过度发酵的味道
〔原因〕　　　　在收获或加工处理过程中出现污染，包括
　　　　　　　　采摘过度成熟的咖啡浆果或在加工过程中
　　　　　　　　使用受污染的水
〔如何避免〕　　只收获成熟的咖啡浆果，收获后尽快加工；
　　　　　　　　此外，控制发酵时间，避免在发酵过程中
　　　　　　　　使用可能受污染的水

● figure 26, page 97

● figure 27, page 97

霉菌污染

〔外观〕　　　　棕色到黄色不同程度的变色（从斑点到完
　　　　　　　　全覆盖整颗豆子）
〔味道〕　　　　发酵味、泥土味、霉味
〔原因〕　　　　最常见的是在收获和储存时遭到霉菌污染，
　　　　　　　　霉菌加上湿度和温度的"适当"组合
〔如何避免〕　　避免掉落在地上的咖啡浆果，筛选出虫咬、
　　　　　　　　碎裂或破口的豆子；用人工或颜色分类可
　　　　　　　　以淘汰霉菌污染严重的豆子

异物

〔外观〕　　　　不是咖啡的东西，也就是说混入咖啡豆里
　　　　　　　　的木棍、石头、骨头（不一定是真的）、
　　　　　　　　钉子、石渣、水泥块、爆米花（奇怪的是
　　　　　　　　这不是开玩笑，如果您烘过足够多的埃塞
　　　　　　　　俄比亚天然咖啡，您就会知道）
〔味道〕　　　　不是咖啡，其实是各种各样的异味（此外，
　　　　　　　　许多非咖啡豆的东西会损坏研磨机）
〔原因〕　　　　异物几乎在任何阶段都可能混入咖啡
〔如何避免〕　　精细筛选；使用除石机、磁铁等来清除异物

※

140

〔 干果实 〕

〔外观〕　　　咖啡生豆表面全是或绝大部分覆盖着日晒
　　　　　　　干燥的外皮

〔味道〕　　　这取决于果肉的健康状况，尝起来可能跟
　　　　　　　过度发酵一样是"无害的"，糟糕的话，
　　　　　　　可能有霉味和酚类物质味道

〔原因〕　　　有时是去除果肉部分做得不好，可能让果
　　　　　　　实原封不动地混了过去

〔如何避免〕　去除果肉前进行浸泡筛选；密度筛选

〔 破损、碎裂或其他豆子本身受损的情况 〕

〔外观〕　　　除了符合上面的描述之外，通常会发现一
　　　　　　　些破口暴露的地方有氧化造成的暗红色

〔味道〕　　　根据污染的类型，尝起来可能会有泥土味、
　　　　　　　酸涩或发酵过的味道

〔原因〕　　　通常是果肉去除机校准不良，有时候问题
　　　　　　　可能出现在干加工过程

〔如何避免〕　校准并调整设备，以减少瑕疵出现的频率

〔 未完全发育或不成熟 〕

〔外观〕　　　黄绿色，暗淡而不透明，牢牢地粘附着一
　　　　　　　层有光泽的银皮；豆子经常向内朝平坦一
　　　　　　　侧弯曲

〔味道〕　　　干涩、木质、缺乏甜度

〔原因〕　　　连着未成熟的咖啡果实一块儿收获了

〔如何避免〕　只收获成熟的咖啡果实，或在浸泡筛选、
　　　　　　　密度分拣或网筛分离日晒干燥生豆的过程
　　　　　　　中选出未成熟的咖啡果实

● figure 28, page 98

※

枯萎豆

〔外观〕　有皱纹的，外皮像果脯
〔味道〕　青草味，像稻草
〔原因〕　通常是由于咖啡豆成长期间缺乏雨水
〔如何避免〕　在整个栽种过程中进行适当的施肥和管理，
　　　　　　或在去除果肉前进行浸泡筛选

贝壳豆

〔外观〕　豆子的内侧或外侧有部分像贝壳
〔味道〕　烧焦或碳化的咖啡（因为贝壳豆在烘焙过
　　　　　程中吸收热量更快），否则，这就不是有
　　　　　瑕疵的咖啡
〔原因〕　自然发生
〔如何避免〕　筛选

浮豆 （空心豆）

〔外观〕　白色、浮肿、褪色（它们确实会漂浮在水中）
〔味道〕　通常没什么味道，可能会减弱咖啡的主要
　　　　　的风味；有时隐隐有发酵的味道、泥土味
　　　　　或霉味
〔原因〕　通常是由于日晒干燥不当或储存环境潮湿
〔如何避免〕　均匀一致地干燥，适当干燥储存，密度筛选

带壳豆

〔外观〕　部分或完全被包裹在它们天然的纸质外壳中
〔味道〕　没什么不好的
〔原因〕　未校准干加工设备
〔如何避免〕　校准并监测干加工去壳设备；密度筛选

● figure 29, page 98

※

> **壳／皮**

〔外观〕　　　只有一大块儿干的果肉皮

〔味道〕　　　从泥土味到发酵味到霉味都有，因为内含
　　　　　　　大量潮湿的有机物

〔原因〕　　　果肉去除机校准不当

〔如何避免〕　校准果肉去除机

> **虫蛀豆**

〔外观〕　　　可能是微小而深的孔洞，也可能大至豆子
　　　　　　　被蛀掉一大块儿

〔味道〕　　　最好的情况是没有可察觉的味道，但严重
　　　　　　　的污染会导致泥土味、酸涩或过度发酵的
　　　　　　　味道

〔原因〕　　　咖啡螟甲虫喜食咖啡豆，会钻进咖啡浆果
　　　　　　　中并吃掉种子

〔如何避免〕　密度和手工筛选

※ 烘焙后发现的瑕疵 ※

> **未熟豆** （底豆）

〔外观〕　　　豆子色泽暗淡，烘焙程度不如样品中的其
　　　　　　　他咖啡豆

〔味道〕　　　干涩、木质或者苦涩的坚果味

〔原因〕　　　豆子不成熟或营养不良的豆子

〔避免〕　　　密度筛选

在大多数情况下，没有必要对所有生豆样品进行分级。如果
您有实验室能支持，建立一个采集生豆样品的过程，从 100
克到 350 克的生豆样品中（您的样品烘焙大小得是一个非常
方便的常数），计算您在样品中找到了多少上述的瑕疵。烘
焙后，数一数发现了多少未熟豆。记录这些结果的变化，长
久下来对您控制样品的品质有帮助。您通常可以拿这些文件
记录查明或证实供应链的特定问题。

※※

低咖啡因咖啡
Decaf

※※

如何在购买咖啡时处理低咖啡因咖啡？

在您对低咖啡因咖啡（以下简称低因咖啡）这个话题翻白眼之前，我想让您思考几件事。

① 　　　我曾有机会查看了一些咖啡公司的销售量，而在他们的总销售量中低因咖啡占了大约 5%。

② 　　　去除咖啡因的方法一直在改进，包括选择性去除咖啡因的方法，以及不使用有害化学物质去除咖啡因的方法。咖啡因本身的味道极小，因此选择性去除是减少风味变化的关键。随着选择性去除技术的改进，避免使用有害的化学物质的情况更普遍。我期待咖啡饮用者能更常享用低因咖啡，助益那些努力了解并搜寻优质咖啡的公司。

③ 　　　我们在通克斯咖啡公司有一种想法，创始人托尼·科尼尼（Tony Konecny）更好地表达了这一点："很多咖啡迷诋毁低因咖啡，很多咖啡公司不太尽力或者不太在乎提供美味的低因咖啡。我们认为喝低因咖啡的人很棒，喝咖啡纯粹是为了享受乐趣，而不仅仅是喝咖啡因。我们希望在他们的马克杯里注入一点令人惊叹的东西。"托尼的观点应该能引起精品咖啡专业人士的共鸣。我们为自己重视咖啡的感官体验而不是其药物效果而感到自豪，而低因咖啡只

是几乎完全没有药物作用的咖啡罢了。

低因咖啡也是咖啡，因此，所有适用于采购咖啡的重点，也同样适用于购买低因咖啡。

　　※ 新鲜度 ※

　　去除咖啡因的过程必然会改变咖啡豆的化学成分和物理结构，在去咖啡因时就会导致咖啡陈化并比去除咖啡因之前更容易老化和变质。

令人尴尬的是，在我早期的咖啡采购生涯中，我懒得花心思了解低因咖啡，所以我的态度是找到还算不错的低因咖啡，然后买上一堆，这样我好几个月都不用考虑这件事了。正如您可以想象到的，这套方案行不通。低因咖啡快速陈化，而我们得处理低因咖啡越来越恶化的状况。一些低因咖啡的顾客——足以吸引我们的注意——开始大声抗议它的味道有多糟糕。

　　这给了我深刻的教训，采购低因咖啡时，我必须更多考虑低因咖啡的新鲜度。

　　※ 化学物质 ※

如果您有关心环境或健康的客户（您一定会有的），您的咖啡供应商在生产时用到的化学物质就会是他们关心的问题。您需要了解一下您的咖啡是如何去除咖啡因的。

　　理想的去除咖啡因处理法是高度选择性，只挑出咖啡因，保留咖啡豆中其他所有自然产生的化学复合物。这些年来，人们采用了许多方法。二氯甲烷处理法一度被广泛使用，我也用乙酸乙酯处理过。这两种的味道都很好（乙酸乙酯甚至可以改善某些低因咖啡，赋予一种奇特的水果风味），但您可以想象，这些化学名称并不能平息对化学物质敏感的客户的疑虑。事实上，这些名字甚至会让顾客担忧。大量的解释和了解将有助于安抚他们，但我通常会鼓励尽量减少必须辩护的产品数量。

还有一种听起来无害的水处理（实际上也是无害的）。通过将含咖啡因的咖啡生豆浸泡在不含咖啡因的生豆水溶液中，渗透作用就差不多能选择性地去除咖啡因。没有添加化学物质，流程也已经改进到产出的豆子味道很好的程度。

　　※ 咖啡生豆的选择 ※
　　就像陈化、不合标准的运输和拙劣的烘焙一样，即
　　使是最好的去除咖啡因处理流程也可能抹去层次丰
　　富、成熟精致咖啡的细微差异。因此，您会发现一
　　杯好的低因咖啡，其特点与所有的好咖啡都是一样
　　的：甘甜、干净、酸度极佳。

如果您要选购已经去除咖啡因的咖啡，购买起来其实也很简
单：找到适合您和您的产品理念的咖啡就是。不过，如果您
是要开辟咖啡生豆产地来源，那就要避免纠结那些可能在去
除咖啡因过程中消失的特质。微妙的细节、调性，或者丰富
层次可能无法在去除咖啡因后继续存在，而这些细致微妙之
处在所有采购中都是脆弱、容易受损的，但当咖啡生豆经历
去除咖啡因的处理过程时，流失几乎是必然的结果。
　　购买低因咖啡和购买其他咖啡并没有太大的不同。
　　问题是，在采购时很容易漫不经心。要尽量避免这
　　个问题。

第三部分

从事咖啡采购职业的
一份指南，
提供了从头开始的
采购计划的建议，
以及其他咖啡寻豆师
对必要的技能和
成长机会的一些想法。

26

※※※※
从零开始
（踏出生豆采购第一步）
From Scratch
※※※※

如果您刚开始从事咖啡采购业务，
该怎么做？

既然您读到这里了，很有可能您刚刚开始进入咖啡采购这一行，或者您即将开始采购咖啡。如果是这种情况，您应该首先进行以下几个初始步骤。

※ 认识您当地的供应商 ※

在您考虑去外地采购咖啡之前，先和附近的进口商或中间商交谈交谈，或者起码先从您所在的国家或地区找起。如果您不知道有哪些人，有哪几个选择，您可以请本地的咖啡烘豆商分享一些他们的进口商。他们不太可能对这些信息太过保护，但如果当地的烘豆师不愿意和您分享，那也没什么：就和其他问题一样，您可以自己检索。就算当地很少或根本没有，您也会发现外地的进口商很乐意卖给您咖啡，特别是如果您愿意支付长途运输相关的额外费用。最后，留意咖啡研讨会和聚会，因为您很有可能在现场找到一个甚至六个进口商。

当您找到一个进口商时，我建议您问他们以下问题：

- 您专门从事哪些类型（品质和产地）的咖啡的进口？
- 您会避免哪些类型的咖啡？
- 你们提供的批次大小规模是什么？
- 获取样品的流程是怎样的？如果有必要的话，您

※
151

愿意给我烘焙吗?

·你们的财务制度是怎样的?（比如：按照你们给
我送出咖啡的时间，我什么时候必须付款?储存在
仓库里的咖啡的利率是多少?我需要做哪些步骤才
合乎贵公司的财务制度?）

如果您目前正在市场上采购咖啡，可以要求看看现有的一些
有代表性的咖啡以供参考。如果您想了解更多卖家，就询问
他们的爱好。没有什么比和一个与您有相同咖啡品位的供应
商建立关系更和谐的了。当然，了解一个供应商的不同咖啡
品位几乎有相同的价值。如果您喜欢什么东西，要诚实地说
您能买下多少。

如果您有样品烘焙机，那就太好了。如果您没有，
问问您的进口商是否愿意为您烘烤样品。进口商是
样品烘焙专家，原因非常简单：他们做得多了，熟
能生巧。进口商杯测了太多样品，所以他们一直在
做样品烘焙。

如果进口商没有提供这样的服务，那也不用担心。没有样品
烘焙机，您迟早要学会如何用自己的商品烘豆机烘焙样品。
用商品烘豆机烘焙样品并没有万无一失的办法，但我的建议
是买一袋便宜的咖啡，每次拿100克的生豆来练习，直到接
近您需要的棕褐色。在您这样小批量烘焙时，您的试验品几
乎毫无用处，但您仍然需要用它来衡量您烘焙的完整性。否则，
您就只能祈祷出现最理想的结果。

值得庆幸的是，大多数进口商会很乐意为您烘焙样
品。即使它们烤得太深、太浅，或者与您喜欢的风
格大不相同，他们的机器烘焙出来的样品还是极有
可能比您用自己的样品烘豆机烘得好。

※ 资金条款 ※
如果您的进口商提供资金垫付，您不可能不利用它们。如果
您觉得有任何机会请落实流程。您可能需要提供可靠的信贷
资料，如果手边一时没有，那就得等到您收集整理好这些材
料后，咖啡才能出货，这实在令人扼腕。

※

※ 杯测 ※

这一点还用我说吗？不断杯测品尝咖啡是很重要的，尤其是当您刚开始起步的时候。和所有您能找到的人一起杯测，了解他们对咖啡的看法。当我跟别人说咖啡采购的时候，他们经常说我一定有天生不凡的品尝能力，但事实并非如此！培养味蕾找到好的咖啡需要大量的练习。永远将杯测作为优先事项。如果您还未涉足烘豆，那更好，请先喝一杯，杯测一下进口商和竞争对手的样品，并在您开始烘豆时保持这个习惯。

※ 差旅 ※

如果您的计划是出差，我明白那种诱惑。但不要认为这就是一趟采购旅行。您可能只购买小批量咖啡，即使不是，从进口商那里稳妥可靠地买个一、两年对您也对有好处，在此期间您将学到很多关于咖啡生豆产地的资讯、咖啡生豆如何变化，以及价格是否合理。去看看咖啡庄园，认识生产商，并收集故事和照片。

※ 采购 ※

当您开始直接采购咖啡的时候，要非常尊重任何可能将您介绍给相关供应商的进口商或中间商关系，即使是间接的。不妨为他们提供一个为您采购咖啡的机会。

※ 书籍 ※

我写这本书显然是因为在我刚成为寻豆师的时候没有这样的书，因此我犯了很多本可以避免的错误。一个经验丰富的寻豆师的中肯建议可以让我迅速远离形形色色的灾难。

虽然市面上可能没有专门关于咖啡采购的书籍，但新手寻豆师或许会发现以下资源是有用的。

① 　　　　sweetmarias 网站是所有咖啡专业人士的必备。汤普森·欧文（Thompson Owen）是这个集无穷尽的文章、照片和指南一体的网站创始人和主要作者。数十年来，他一直致力于推广咖啡界对生产、烘焙以及冲

煮的认知。他曾经这样描述他希望网站给访客的感
觉，将之比喻成一趟二手书店之旅，却欣喜地发现
被几十种其他有趣事物转移了注意力。我花了不知
道多少时间浏览并仔细阅读这个网站的内容，却感
觉我几乎连皮毛都没有触及到。

② 艾琳·麦考伊（Elin McCoy）和约翰·弗雷德里克·沃
克（John Frederick Walker）的《咖啡和茶》（*Coffee
and Tea*）。这是我刚开始研究咖啡时读的第一本书，
关于咖啡的一切令人印象深刻，包括了以咖啡命名
的植株、豆子以及饮料的一切。它涵盖了咖啡的历史，
包括传说中的起源、种植、品尝，以及咖啡术语和
产地。虽说是有些过时了，但我不确定是否有其他
书更完整、简洁地涵盖了咖啡种植、加工处理和分
级的技术方面。另外，它里面关于茶的讨论也非常
不错。

③ 《咖啡：种植、加工、可持续生产》（*Coffee:
Growing, Processing, Sustainable Production*），作者让·尼
古拉斯·温根斯（Jean Nicolas Wintgens）。这是一本
大部头的书，更像是一本教科书或工具书，而不是
一般的读物，无疑是咖啡生产相关内容最完整的资
源。温根斯回答了您可能遇到的关于咖啡的任何问
题，包括种植、栽培、病虫害护理、收成、加工处理、
日晒干燥和储存。

④ 泰德·林格尔（Ted Lingle）的《咖啡杯测师手册》（*The
Coffee Cupper's Handbook*）讨论了高效品鉴咖啡的过
程，从嗅觉到味觉，图表多得超乎想象。它涵盖了
许多您可能听过的关于咖啡的奇怪、贬义的描述。
例如，"杂酚油味：特征是啜饮第一口咖啡时，舌
头后面有苦味，很明显的一种刮舌根的感觉；然后
是吞下后有一种强烈的后味"。还有许多其他形容
词。在和其他人一起杯测时，您会学到大部分形容
品鉴味道的术语，林格尔把比较正式的说法都列出
来了。

※※※※※※※
向最棒的人学习
Learn From the Best
※※※※※※※

能从有经验的寻豆师那里学到什么？

在没有一本合适的关于如何采购咖啡的书的情况下，我不得不依靠别人来尽可能多地学习如何购买咖啡。我很幸运地与许多鼓舞人心、体贴的咖啡寻豆师进行了互动，下面我想分享一下他们对于如何把这份工作做得出色的思考和建议。

和其他任何事情一样，咖啡采购的责任和方法，就跟从事这项工作的人一样数不胜数。以下每个人都有不同的价值观与风格，但每一个都是成功咖啡寻豆师，也是我不可或缺的师傅。

※ 克里斯·乔丹 ※
美国塔丁烘焙咖啡工坊的首席运营官
如果您能回到成为咖啡寻豆师的那一天，您会给自己什么建议？

买起来比卖起来容易。

年轻的寻豆师应该设法找到自己的正确位置，而不是依循情感。早先采购时候，我们都想买下所有的好咖啡，但是问题远比这更复杂。您的需求和预测是什么？季节性是如何影响预测的？那是可靠的供应商吗？我现在品尝的和我在我的烘豆厂品尝的是一样的吗？我们的客户会买它吗？

我有非常可靠的导师，更重要的是我能接触到很多咖啡和供应链。我靠着大量的吸收来学习。

作为咖啡寻豆师，您的超级能力是什么？

记忆力。您必须想办法在您的脑海中构建一个杯测笔记的大书房——这将让您成为一个优秀的杯测者，进而成为一个优秀的寻豆师。您必须给您杯测过的一切打分数，这是基于很多因素的，其中一点就是每一种咖啡和其他咖啡比较的结果。您的书里只有这么多的空间，而建立优异而多样化的咖啡目录很大程度上取决于您的杯测记忆。这就是为什么我们很多寻豆师或杯测师都像侍酒师一样喜欢回忆过去。

您认为哪些产地或区域被其他寻豆师或市场太过忽略了？

嗯，就是季马（埃塞俄比亚）。咖啡还有很多值得探索的东西。乌干达、洪都拉斯、刚果、厄瓜多尔。哥伦比亚过去几年为创建区域特质概况所做的工作也很惊人。

您认为寻豆师拥有什么技能或特质最重要？

求知若渴。这是个复杂的行业，您必须非常热爱，否则做不好。

※ 安德鲁·巴奈特 ※ （Andrew Barnett）
美国利尼亚（Linea Caffe）创始人

如果您能回到成为咖啡寻豆师的那一天，您会给自己什么建议？

保持开放的心态！在拜访之前尽可能多地了解当地的文化、民族、国情和风俗。随时准备好立刻开始工作，开始努力。

作为一个咖啡寻豆师，您的超能力是什么？

没有超能力——我只是喜欢在家和咖啡爱好者来往交流，享受来自世界上一些最注重质量和环境的咖农生产的口感非凡的咖啡。

您认为哪些产地或区域被其他寻豆师或市场太过忽略了？

厄瓜多尔、巴西查帕达·迪亚曼蒂纳钻石山。

※

156

您认为寻豆师拥有什么技能或特质最重要？

> 适应能力。

※ 阿莱科·奇古尼斯 ※
美国红狐咖啡商公司创始人

如果您能回到成为咖啡寻豆师的那一天，您会给自已什么建议？

> 首先，无论预期的增长如何，切记维持仓位精准。我们生活的这个时代，寻找优良的咖啡生豆已经不用非得前往产地。出发展开长途旅行更像是出于自我意识，而非精明的商业判断。
>
> 其次，在咖啡中，"最好的品质"是相对的，最适合我业务需求的才是唯一考量。

作为咖啡寻豆师，您的超能力是什么？

> 我有能力随时随地与人沟通，且相处融洽、沟通顺畅。以打动人的态度清晰、简洁地传递我们的信息。
>
> 我能够把咖啡从产区一路经过干加工厂，送到船上，再送到消费地所在的仓库。
>
> 我了解这一行供货和消费两方面的贸易。

您认为哪些产地或区域被其他寻豆师或市场太过忽略了？

> 很难只挑出一个。我一直觉得秘鲁在很大程度上就是那样的产地。大多数买家想到秘鲁，就认为那是"一般公平贸易——有机品质"的大批供应者。只不过这一点随着人们开始察觉到它在顶级市场的潜力后显然正在改变。
>
> 因此，我会说是印尼。我坚信在不久的将来，下一个"大热门"咖啡会在印尼被发现。当地人所用的旧式素材仅次于埃塞俄比亚。随着当地产业演变，我们已经品尝到了来自爪哇、苏拉威西岛和其他地方的干净、令人振奋的咖啡。

您认为寻豆师拥有什么技能或特质最重要？

> 首先，要有高人一等的沟通能力。其次，要有风度：行为恰当地与您的供应商、供应链中间的合作伙伴、从上到下的员工／同事以及您的客户打交道。

※ 汤普森·欧文 ※

美国玛利亚咖啡（Maria's Coffee）的创始人

您认为寻豆师拥有什么技能或特质最重要？

我想我越来越看不到这个职业的技能在哪里。我认为个人能力并不重要，因为大部分工作，运输物流等等都为终端采购者做好了，而不是由终端采购者亲自完成。

我认为身为咖啡生豆寻豆师，更多的是一个象征性的角色。按照目前的行业结构，如果没有一个人来担任这个职位，一家公司的"个性"似乎就没有那么清晰，就会出现空白。咖啡从哪儿来，需要有人去找。那样的行动必须要有目的和意义。

但在实际的咖啡采购工作中，主要的技能是会说各种语言。对我来说，我的西班牙语勉强过得去，至少在和咖农对话时还凑合。但是我的西班牙语水平仍然蹩脚得很，比较复杂的话题就听不懂了。这种认知让我意识到我在其他地方错失了多少。我刚从印尼回来，能用印尼语说大概五种东西，可能比大多数观光客还少，那感觉非常不好。买了东西却不能和您的供应商沟通，这是很荒谬的。

我认为这个空白点，在咖啡公司里一定是由寻豆师来担任的，这造成了一种焦虑，而且始终无法完全靠我们寻找咖啡的实际工作来填补。因此我认为我和其他人过度追求目标，过度呈现我们所做的工作，反映的是我们真正做的可能永远不够。

我听到的让我意识到有暗示寻豆师过度呈现自己的一句话，就是"我合作的咖农"。我的意思是，如果您周日固定去农贸市场，经常买西红柿，您应该不会说"我和这个农场合作"，哪怕您和番茄种植者的互动是一个咖啡寻豆师和咖农互动的十倍。毕竟，我必须得首先买入咖啡我才有生意，所以这是一个基本的职责。（当然，如果装咖啡的塑料袋上能印有关于产地的故事就挺好的，那也是我得去寻找的东西。）

因此我想，如果单就寻豆师这个产业相关的角色来说，我更专注于去掉其戏剧性成分，或许还有英雄主义。并不是说我不认为自己的角色不重要，这对我很重要（甚至对咖农也很重要，因为他们需要一个小批量的买家，我们支付的价格要比整个集装箱综合精品豆的专业买家高出 50 ％）。与其搁置问题，我一直在想办法改善，所以看到哪里虚假不实也是其中的一部分。而且，这个角色的象征功能一点都不假，它非常真实。我只是希望自己能比老旧叙事中那"前往遥远国土带回异国产物供你选择"来得更加诚实。

※ 达林·丹尼尔（Darrin Daniel）※
美国卓越咖啡联盟执行董事
如果您能回到成为咖啡寻豆师的那一天，您会给自己什么建议？

相信您的感觉，相信您喜欢和不喜欢的咖啡。不要害怕与别人意见相左。等级观念很重要，前辈也重要，但不要看轻自己也不要妄自菲薄。直觉是至关重要的。

作为一个咖啡寻豆师，您的超能力是什么？

笑声和永不满足的求知欲。而且我什么都能吃，这是出差时的额外的超能力。

您认为哪些产地或区域被其他寻豆师或市场太过忽略了？

泰国、布隆迪、也门、苏拉威西托拿加、刚果。

您认为寻豆师拥有什么技能或特质最重要？

公平并忠实于供应链中最关键的人：咖农。没有获得他们的信任是咖啡寻豆师采购任务中最大的错误。永远要知道事情总有其他角度，以及对您在这个产业合作的所有人而言，您都该是优秀的决策咨询对象。

※ 迈克·史川普菲 ※
加拿大瑞士水无咖啡因咖啡公司的咖啡总监
如果您能回到成为咖啡寻豆师的那一天，您会给自己什么建议？

尽可能建立最牢固的人际关系。我贬低自己说自己
不擅长处理人际关系，但是这样做对我真的一点都
助都没有。咖啡供应链之所以能运作，就是因为这
条线上的人，而认识那些人是非常重要的事。任何
与咖啡无关的微小互动都很重要，如果您要和人家
进行一次性采购，或者建立多年的关系，了解和您
合作的人，这才是一起能实现的要素。

作为一个咖啡寻豆师，您的超能力是什么？

数据分析。我学的是电气工程。我依靠我的编程经
验，以正确的方式获得正确的数据。我最喜欢的
Excel 函数是 MATCH。如果嵌套两个 MATCH，就
可以有效地创建一个 VLOOKUP，而不用第一列作
为索引。酷吧？我也真的很喜欢阵列公式。

您认为哪些产地或区域被其他寻豆师或市场太过忽略了？

我觉得忽略亚洲岛屿咖啡是很可惜的。固然那里的
咖啡质量和对其的期望方面的教育还有很多工作要
做，但是有机会生产出风味各异的高品质咖啡。我
不知道如何去做，但我希望有人可以完成，我们未
来就能看到更多各式各样的咖啡。

您认为寻豆师拥有什么技能或特质最重要？

谦逊。无论是对样品烘焙师、杯测师、价格谈判商、
预测师，还是这份工作中的任何一个环节，您不一
定都是对的。把他们当成一个团队征求他们的意见，
并切实采用他们的意见。

在一个由人去推动的服务链中，谦逊能帮助您接受
并授权他人，让您的供应链得以延展而非缩短。

※ 加布里埃尔·波斯卡纳（Gabriel Boscana）※
美国玛基娜（Maquina）咖啡烘焙公司老板兼烘豆师
如果您能回到成为咖啡寻豆师的那一天，您会给自己什么建议？

多杯测，多问问题，花尽可能多的时间在产地，向
生产者学习，去上一门经济学基础课。

作为咖啡寻豆师，您的超能力是什么？

我不会称之为超能力，但是西班牙语如果超级流利，

※

160

肯定有助于赢得拉丁美洲生产商的信心和信任。

您认为哪些产地或区域被其他寻豆师或市场太过忽略了?

墨西哥,他们的潜力和能力是惊人的。除了龙舌兰和红番椒之外,墨西哥还有一种奇怪的负面印象,就像在夏威夷度假一样。是的,墨西哥是美丽的,有丰富的文化,但不知何故,它似乎对一些采购者来说不够有"异国情调"。我认为,通过真正的努力和决心,墨西哥有能力生产真正美味的咖啡。

您认为寻豆师拥有什么技能或特质最重要?

沟通,从生产商到进口商,到烘豆公司,再到咖啡资讯内容。

※ 安迪·特林德尔·梅尔希(Andi Trindle Mersch)※
美国费尔兹(Philz Coffee)公司的咖啡总监
如果您能回到成为咖啡寻豆师的那一天,您会给自己什么建议?

老实说,我感到很幸运我能进入这个行业,遇到引导我的那些人,而且我很幸运一路走来非常平稳顺利。所以,我会告诉自己要走相同的路线,体验成功和失败。前面这段话可能会被误解为"我过去做得很完美",我要强调的是,这当中曾经有过失败、判断失误,也曾希望自己有更深厚的知识,但我真的并不认为我会有更具体的方法和方向来改变和避免那些问题。

另一个想法是,"咖啡寻豆师"这个职业从我第一次担任有购买成分的角色以来已经发生了很大的变化,从那以后,我依然一直担任有购买成分的角色,以及担负同等的销售和支持责任。我目前在一家烘豆公司的职位,包括"首席寻豆师"的责任,绝对是我担任"咖啡寻豆师"这个角色以来最清楚明确的一次,而且我很幸运地购买了大量的咖啡,迫使我真正琢磨自己想要怎样扮演好一个采购者。尽管如此,我还是只有10%的工作时间来完成我的咖啡采购任务。

我了解到咖啡是一种极其复杂而又极具挑战性的产

品。所有喜欢咖啡的人都是非常幸运的，因为人们最初只是发现了如何通过烘焙和冲煮来品鉴它，而现在有一群非常聪明、有想法、有创意的专业人士一直在努力让它变得更好。我想世界上的大多数人并不真正了解我们每天喝的咖啡背后有多少工作，有多少人的努力。

作为咖啡寻豆师，您的超能力是什么？

我绝对没有什么超能力。我有的是训练有素的味觉（不敢说一直很厉害，但是熟练有经验），加上MBA学位，让我在商业和金融方面嗅觉敏锐，我认为这是成功采购的关键部分。

您认为哪些产地或区域被其他寻豆师或市场太过忽略了？

这是一个有趣的问题。遗憾的是，我觉得我并没有一个好的答案。我想很多有机会采购丰富完整的单品咖啡的人，对此会有热情洋溢的答案。

我做的几乎全是综合豆采购，在这个领域并没有什么太过忽略、说不过去的地方，实在要说的话，中国也许需要更多的关注。

您认为寻豆师拥有什么技能或特质最重要？

敏锐的商业头脑，特别是能自在使用电子表格。

※ 詹姆斯·达尔根（James Dargan）※
坦桑尼亚 RTC 和腾博咖啡（Tembo Coffee）的母公司——东非西岩（Westrock East Africa）首席执行官

如果您能回到成为咖啡寻豆师的那一天，您会给自己什么建议？

我要告诉自己的第一件事是，在尝试交易之前，我需要学习多少知识。我们公司是由非咖啡界人士创立的，所以我们没有人有任何行业经验，不得不以艰难的方式学习。一路走来，我们做了很多糟糕的交易和决定，但几年后，我们就站稳了脚跟。

我要告诉自己的第二件事是，十年后，我仍然会觉得我是从昨天开始从事这个行业，并且每天都会继续感到惊讶和好奇。

作为咖啡寻豆师，您的超能力是什么？

如果我有任何超能力，大概就是耐心和能有效减少小规模咖农供应链中的低效率。但这些归根结底就是年复一年、日复一日地保持耐性。建立与积累要花上很长的时间，比一开始所有人想象的更长。

您认为哪些产地或区域被其他寻豆师或市场太过忽略了？

我仅有的经验是在东非，虽然第三波咖啡浪潮和精品咖啡界已经在此地活跃，但我们还是会发现有美国的商业烘豆商的产品组合中竟没有东非的咖啡。东非拥有大量可靠的出口商和物流公司，港口也在显著改善。我们需要抛开过去对非洲的刻板印象：认为非洲咖啡在港口好几个月也没有可靠的交易手来处理。大型商业烘豆商必须要认真尝试看看。

您认为寻豆师拥有什么技能或特质最重要？

耐心。用采购五万袋所花的努力来和小型咖农协商一单五袋的采购。在销售方面来说，烘豆商和进口商让我们和其他出口商竞价，我们必须等待并给予品质和服务的支援。

※ 莎拉·克鲁斯（Sarah Kluth）※
柯莱特商学院学生、美国皇家杯（Royal Cup Coffee）体验与采购员

如果您能回到成为咖啡寻豆师的那一天，您会给自己什么建议？

很好的问题！我会在建立关系时表现更真诚的自我。

在我从事采购的头几年，知识分子联合创始人兼寻豆师杰夫·瓦兹作为我亲爱的导师，对我帮助甚大但同时也极具挑战性。在他们巨大羽翼的阴影下，我非常辛苦才找出我建立人际关系和进行采购业务的方法。我花了一定时间才明白，我能做到最好的寻豆师角色，就是尽我所能做最真实的莎拉，我不再模仿杰夫·瓦兹建立供应链的方式，而是开始摸索自己的交流沟通方式，接受自己。如果我在采购的第一天就知道这一点，它会为我节省很多精力，我的人际关系建立也会成功得多。

作为咖啡寻豆师，您的超能力是什么？

啊！哈哈哈哈哈哈！大概是够疯狂，无论我身在何处，我都要去跑步。但说真的，若是在咖啡庄园里跑上几英里，你会对那些平时看不到的东西感到十分惊讶。

您认为哪些产地或区域被其他寻豆师或市场太过忽略了？

嗯。如果可以的话，我会把很大一部分时间花在坦桑尼亚。那里有很多有潜力的产地和美丽的土地。我已经渴望那个地方很多年了。

还有个很简单粗略的答案，就是老实说，我发现每个原产国或产地都很特别，都有他们自己的社会政治、文化、地理、地形、生态、人类学、园艺和历史问题，这使他们在不完美却又完美的咖啡采购全貌中显得辉煌而独特。说真的，我这么说并不是说父母对孩子都应该一视同仁，我深深觉得他们都给杯测桌贡献了特别的个性特质。所有这些都很容易，没有挑战或勇气吗？绝对不是。但是特别吗？是的。

您认为寻豆师拥有什么技能或特质最重要？

敬畏。我再怎么强调也不为过。对地方、对人、对文化、对生活方式的敬畏。我们不能跑到别人的地盘上，根据我们的特权观点指手画脚。我们是采购者，我们不是无所不知的咖啡代理商。我们实际上没有全部的答案，我们实际上也不知道作为供应链的其他成员的存在是怎么一回事。表示敬畏和尊重是我们的首要任务。创新、变革、思想交流和协作都是以后的事，但敬畏和尊重是绝对的前提。

※ 莫顿·温纳斯加德（Morten Wennersgaard）※
挪威北欧之道经理 / 寻豆师
如果您能回到成为咖啡寻豆师的那一天，您会给自己什么建议？

大概会尽早在生产国花更长的时间，对概况有更清楚的认识与了解。对于生产者层级的工作和复杂性更加谦逊。也许会多听少说。

作为咖啡寻豆师，您的超级能力是什么？

我非常擅长在不同环境中杯测时辨认风味概况，还知道在不同的消费市场，咖啡用不同的烘焙方式和水可能会有什么样的表现。并不是因为我是化学和烘焙类型分析的超级怪客，而是我天生就会。

这一点再加上对复杂供应链的认知、会解读个性、与优秀的人建立联系会随着时间越来越重要。

您认为哪些产地或区域被其他寻豆师或市场太过忽略了？

不确定它是不是被忽略了，但在坦桑尼亚肯定有神奇而美丽的咖啡。目前那里的发展不错，特别是姆贝亚附近的南部地区。大家认为坦桑尼亚的咖啡是"穷人"的肯尼亚，但在我看来，它们是不同的和独特的。

您认为寻豆师拥有什么技能或特质最重要？

当你在产地购买咖啡时，除了在杯测桌上从好咖啡中品尝到的东西，还必须理性分析产品和基础设施设备。

※ **安妮特·穆德维尔**（Anette Moldvaer）※
英国平方英里咖啡烘焙坊（Square Mile Coffee Roasters）
联合创始人
如果您能回到成为咖啡寻豆师的那一天，您会给自己什么建议？

问很多问题，问任何一个对你在做的事情略有所知的人。没有这方面的学校，所以要尽可能随时随地向任何能找到的人学习。学习一门在你将要工作的领域对你有用的语言，无论是英语、西班牙语、法语、葡萄牙语、斯瓦希里语、马来语，还是任何其他语言。要能真正自在面对计算表格。旅行时，随身携带笔记本。

作为咖啡寻豆师，您的超能力是什么？

我的味觉。

您认为哪些产地或区域被其他寻豆师或市场太过忽略了？

马拉维和刚果等一些非洲国家的潜力才刚刚开始吸引到精品咖啡界的注意。我认为玻利维亚和秘鲁也还有很多很大的空间。

您认为寻豆师拥有什么技能或特质最重要？

> 如果你是那种常常出差的寻豆师之一，那么灵活性和耐心就是优点。当你在旅途中时，事情并不总是能按计划进行，你必须懂得随机应变。人际交往中的一些技巧也很有用。
>
> 不要当那种自以为是的寻豆师，到咖啡庄园拍了一大堆照片，然后就走了。我的家人是咖农，而我能想象如果哪天有人开车到我奶奶家，也不跟她搭话就踩过大麦和马铃薯，批评她选择的肥料，要她微笑拍照，然后开车扬长而去，一切全在三十分钟完成，·想想看我奶奶会怎么想。

※ 克劳斯·汤姆森（Klaus Thomsen）※
丹麦咖啡集体（Coffee Collective）联合创始人

如果您能回到成为咖啡寻豆师的那一天，您会给自己什么建议？

> 别以为你什么都知道。某些东西在一个咖啡生产国运行良好，并不意味着在另一个国家也能成功运行。还有杯测、杯测、杯测。

作为咖啡寻豆师，您的超能力是什么？

> 我没有任何超能力。我百分之一百依赖咖农生产出美妙的咖啡，这会让我兴奋，反过来也会让我在丹麦的顾客兴奋。我可能真的有一种力量，就是对咖啡生产方的所有步骤都很好奇，还有做事相对条理分明。

您认为哪些产地或区域被其他寻豆师或市场太过忽略了？

> 这是个有趣的话题，我对印尼和印度一无所知，且这两个国家的咖啡我真的没有杯测到觉得"我要把这带回去给我的顾客"。我觉得那里有些潜力，但当我看到有好多咖啡来自非洲，特别是埃塞俄比亚，我又很痛苦地明白，我们这个产业还没给埃塞俄比亚创造更进一步的价值和透明度。

您认为寻豆师拥有什么技能或特质最重要？

> 谦卑。我认为对这个链条中的每一个人都要表现出谦卑的态度。我们说一个咖啡寻豆师应该有很好的

味觉是很容易的，你可以是一个很棒的咖啡师，但如果你不尊重咖农、加工处理者、出口商和供应链中的其他所有人的工作，你就无法与任何人建立信任和良好关系。

※ 克里斯·戴维森 ※
美国阿特拉斯进口公司交易员

如果您能回到成为咖啡寻豆师的那一天，您会给自己什么建议？

我想严格来说，我担任咖啡寻豆师的第一天是我在阿特拉斯工作的第一天。当时接下这个任务，我认为自己并没意识到咖啡寻豆师对咖农、零售商以及终端消费者背负着义务。随着双方的关系建立起来，你开始对他们的福祉产生一种责任感，这就去除了平衡关系中很多以自我为中心的采购。

作为咖啡寻豆师，您的超能力是什么？

哈！嗯……我不知道我的标准咖啡寻豆师技能是否有那么棒。杯测技巧、西班牙语技巧、期货技能、双节棍技能全都过得去。我想，如果我必须选择一个能让我作为咖啡寻豆师最有效的能力，那大概就是强大的直觉了。

您认为哪些产地或区域被其他寻豆师或市场太过忽略了？

我想说的是其实没有太多尚未探索的区域了，除了亚洲的咖啡产地对精品咖啡市场来说还比较新鲜，还有尚未开发的潜力。举几个例子，有巴布亚新几内亚、蒂汶岛、缅甸、尼泊尔和中国，这些咖啡产区才刚刚进入精品咖啡市场，还有着未开发的潜力。至于被忽略的产地，洪都拉斯一直是我珍而重之的，而且很高兴看到越来越多的来自洪都拉斯的咖啡，这是令人兴奋的。我也认同哥伦比亚经常被认为是理所当然的产地，我倾向于引导寻豆师去那里。哥伦比亚能够找到的风味丰富多彩，不断令我惊叹连连，甚至来自邻近地区的咖啡也是如此优秀，咖农通常积极努力提高品质，通常每年可以收成两次。我希望我能更好地理解为什么消费者有时候会回避非洲的咖啡。我无法不注意到，很多烘豆公司的寻豆师都在其他大陆追求东非的咖啡风味。而且当他们找到后，他们愿意付出高昂的价格采购。我听说味道像肯尼亚咖啡的哥斯达黎加咖啡豆可能比肯尼亚咖啡更容易销售。烘焙者的产品表上可能会有十几个原产国，这些国家的咖啡风味都像埃塞俄比亚和肯尼亚的咖啡。要不是消费者对东非国家名称（或拉丁美洲国家名称）有偏见，我会鼓励更多烘焙者大量采购东非咖啡，省下在那些比较难以琢磨的地区追求这些咖啡风味的时间和金钱。

您认为寻豆师拥有什么技能或特质最重要？

谦卑，虽然这个行业美化了咖啡寻豆师的角色，但这个职业的责任实际上与个人无关。当然，寻豆师的个性可以为公司的咖啡产品增添色彩和特色，而寻豆师与咖农一起工作的照片可以为公司的企业文化增加价值。从商业和可持续发展的角度来看，寻豆师应该关注什么对公司和供应商品有利。

这也可能是为进口公司购买和为烘豆公司购买的关键区别。我认为烘焙者在购买什么咖啡、如何购买上或许有更大的灵活性，而且他们可能可以承担更多风险。

※ 杰瑞德·林兹梅尔（Jared Linzmcier）※
美国红宝石（Ruby）咖啡烘焙公司创始人
如果您能回到成为咖啡寻豆师的那一天，您会给自己什么建议？

每一杯咖啡都有一个家，精心构思你选择什么样的产地建立自己的咖啡产品线，要与其他人选择他们的产品的方式不同，力图创造一些有趣的东西。

作为咖啡寻豆师，您的超能力是什么？

我能在脑海中超乎寻常地清楚想象并找出我的咖啡。当我品尝某种咖啡并确认要列入我的产品表时，我会把它储存在我记忆中的一个地方，而我有一种不可思议的能力能快速地将它找出来。当我要推出咖啡并在批发和零售清单上构建产品表时，我可以

有效地筛选在我脑海中创建的分类口味档案，并相
应地错开推出的时间。

您认为哪些产地或区域被其他寻豆师或市场太过忽略了？

四年前，大概是秘鲁或布隆迪，但这些国家也在迅
速发展，吸引了大量的寻豆师。我认为卢旺达的土
豆灾害产生了巨大影响，限制了寻豆师的兴趣，真
是太遗憾了。一年中当其他非洲国家的咖啡豆有陈
化迹象时，卢旺达的咖啡豆中一百次还是有九十五
次令人惊叹不已，我迫不及待地想看看接下来这几
年会如何发展，让我们一睹亚洲和印度尼西亚咖啡
种植区的全新潜力。

您认为寻豆师拥有什么技能或特质最重要？

很明显味觉是最重要的，但让我们就当那是一种天
赋。除了品鉴味道的能力之外最关键的技能就是组
织能力，随时都要知道你的咖啡在哪里、库存有多
少，等等。

※ 崔西·罗斯格（Trish Rothgeb）※
美国铁链球（Cranking Ball）咖啡烘焙公司联合创始人兼烘
焙师
您认为寻豆师拥有什么技能或特质最重要？

最重要的是寻豆师知道如何品鉴各种咖啡。他们必
须非常清楚自己为什么要购买以及他们公司期望什
么样的咖啡产品，这是最难学的东西，因为这迫使
人们对工作和职责诚实。这是一门学科的实际应
用，并不像人们想象的那样就是一时的奇思妙想和
激情。
这个工作应该制订切实可行的预算，且采购者应该
严格执行。这表明他们了解市场，并能够将远景纳
入机构的财务计划。

※ 温蒂·德·钟（Wendy De Jong）※
澳大利亚 Single O 的咖啡总监
**如果您能回到成为咖啡寻豆师的那一天，您会给自己什么
建议？**

在我成为"正式"咖啡寻豆师的那一天，正要退休的鲍勃·埃利奥特递给我一张双倍行距的打印笔记，我将接管整个公司的采购工作。上面写着"不要投机市场，这里不是拉斯维加斯，记得每次要砍掉一成的折扣"之类的话，太棒了。当然，我这样说并不公道。鲍勃是一个很好的人，我一直很喜欢与他共事并向他学习，但我保留了这些关键真理，并将它们改编为我自己的风格，用我的风格来说是"哪里有具有价值的机会来奖赏和激励我们的合作伙伴，以及我们如何才能将成本降低一成？"

作为咖啡寻豆师，您的超能力是什么？

哈哈！我搭乘飞机没有时差反应，所以这很有帮助，但我认为我的超能力是让每个人都有钱赚。这是我个人的根本动机，我努力让供应链的初端和终端都能赚到更多的钱。我的工作是为了让我采购的生产者能赚到更多的钱，也为了让那些选择在自己的咖啡馆经营咖啡的优秀人士有独特的商品吸引他们的客户，并使其成为回头客。或者，可能是我招聘人才和挑选优秀合作伙伴的诀窍。我和世界上最优秀的人一起工作，我很幸运！

您认为寻豆师拥有什么技能或特质最重要？

成长为咖啡寻豆师最重要的技能或特质，就是要知道谁是能够真正帮助到你的，以及谁只是为了自己的利益。找出那些懂得比你多的人，让他们来帮助你。我一直都很清楚，现在也很清楚，谁在真诚地支持我的业务以及谁更关心自己的业务。我在一家规模相对较小的咖啡烘焙公司工作，整天都在思考客户的需求以及如何更好地为他们服务，因此，当我以采购者的身份变成客户时，我希望与我合作的任何咖啡生产商或供应商都能给予同样程度的努力和支持。

您认为哪些产地或区域被其他寻豆师或市场太过忽略了？

我认为没有什么国家或地区是特别被忽略的，因为有那么多热衷于咖啡的寻豆师愿意去寻找宝石，但有些国家和地区面临的问题超出咖啡产业的影响范

畴。我非常想念玻利维亚的咖啡，但这个国家受到
一些外力影响，要想回到 2000 年代中后期令人惊叹
的咖啡品质，几乎是不可想象的。有些地方生产令
人惊叹的咖啡，但基础设施不可靠或者根本不存在，
无法将一定数量的咖啡送到该去的地方。我想到了
巴布亚新几内亚和秘鲁，不过我依然抱有希望！

※ 乔尔·波拉克（Joel Pollock）※
美国黑豹咖啡（Panther Coffee）联合创始人

**如果您能回到成为咖啡寻豆师的那一天，您会给自己什么
建议？**

学习西班牙语和葡萄牙语，了解你要去的地方的历
史，了解你将要去的国家的国内历史的细微差别，
因为有太多错综复杂的问题是我们美国人往往不会
察觉的。它们会影响你与交往的当地人的态度、观
点和感受。而这些人很重要，你会与他们在一起品
尝咖啡，并可能从他们那里购买咖啡。

作为咖啡寻豆师，您的超能力是什么呢？

这很有趣，因为在我喜欢上咖啡的时候，我还是一
名文化地理学的学生，我的专业已经从人类学转到
文化地理学，因此，我带着一种与生俱来的好奇心
来到杯测桌前，渴望了解人与地方以及他们之间的
相互作用。

您认为寻豆师拥有什么技能或特质最重要？

如果说一个寻豆师的味觉多少受过专业训练，我认
为就是要从长远的角度看问题，保持活泼安静，仔
细倾听。工作需要花时间，但这并不是你的防护罩。
总是会有很多因素在起作用，我们对此一无所知，
而我们说得越少，听得越多，就越有耐心，事情就
越可能变得更好。

您认为哪些产地或区域被其他寻豆师或市场太过忽略了？

得了吧，老兄！自己去找吧。

※ 杰夫·瓦兹 ※
美国知识分子咖啡联合创始人

如果您能回到成为咖啡寻豆师的那一天，您会给自己什么建议？

> 把所有东西都写下来，记录的资料越多越好！尽可能多地跟踪所有数据（不要以为你会记住所有的细节，即使你拥有的是25岁的年轻大脑）。你可以从一开始就加快学习和发现过程，节省大量时间。将84分的咖啡变成88分，完全在于细节和严格管控，如果你有一致可靠的数据可提供参考，那么确定质量漏洞的来源，就像处理轮胎上的一个小洞，容易多了。但重要的不仅仅是技术生产细节；作为一名咖啡寻豆师，工作中一个很重要的部分是讲故事，并协助人们在理性和感性上与咖啡产生联结，那才是让他们记住味道的直接原因，但与咖啡产地的联结更容易保持经久不变。
>
> 另外，要注意干燥速度，这可以说是收成后质量控制中最重要的变量，但其造成的影响从未得到足够的重视。如果20年前我能明白这一点，我就会避免很多挫折。

作为咖啡寻豆师，您的超能力是什么？

> 想象力。我总是能够想象出比我看到的或读到的更多。而这既是一种引导的力量，也是一种克服经验不足的手段。我完全相信，如果您知道某件事对您有深刻意义，就能将意志转化为现实。不管用哪种办法，即使没有蓝图也能实现。只要你能坚持，尤其是在身边更有经验的人告诉你行不通时继续坚持梦想。咖啡市场曾出现停滞发展的原因之一就是寻豆师陷入了一种范式，屈服于传统观念。

您认为寻豆师拥有什么技能或特质最重要？

> 一种窍门，一种真正的爱，沟通的本领。这很关键。这不仅仅是关于信息的传递，交流质量和过程控制的技术细节都是至关重要的，但是激励和鼓舞人们的能力就更重要了。作为一个寻豆师，你需要在很多不同的环境用不同的语言做事。这需要一定的灵

活性真正的兴趣来了解他人的出身、来处。你可以有伟大的构想和相关的知识，但如果没有能力传播给他人，那它们就不是都有用的了。

您认为哪些产地或区域被其他寻豆师或市场太过忽略了？

这是一个艰难的问题，因为有很多。在 70 多个咖啡生产国中，只有少数几个产地能持续得到寻豆师的关注。如果我不得不选择一个国家，我会选秘鲁。当地的咖啡品质有着惊人的潜力，如果全世界对秘鲁都更感兴趣，而不是把它作为认证市场的大宗供应商，那么几千名咖农都会立即受益。大多数秘鲁咖啡没有得到它应得的机会，而且价值被低估了。如果是地区的话，也许是埃塞俄比亚西部，咖啡的起源地！在过去的 50 年里，南方获得了更多的聚焦，获得了更多的投资和更高的溢价，但埃塞俄比亚西部的时代终于到来了。

酸度
acidity

杯测与品质的术语，即感受到咖啡的明亮、锐利，或酸味。

—

湿香
aroma

对湿的研磨咖啡粉或冲煮咖啡进行的嗅觉评价。

—

到货样品
arrival sample

一份试验用的咖啡豆，代表送到目的国卸货的咖啡品质状况。

—

袋子味
baggy

一种咖啡风味瑕疵，让人想起棕色的牛皮纸袋或粗麻布袋。

—

波旁
Bourbon

加上铁皮卡，是现今世界上几乎所有阿拉比卡种咖啡的原始树种。波旁树产出的咖啡通常有巧克力味、焦糖味，而且味道丰富。

—

咖啡果蠹虫
broca, coffee-borer beetle

常见的咖啡树寄生虫，西班牙语为 broca，也是一种咖啡瑕疵的名称，是由该种果树虫蛀蚀造成的。

—

粗麻布袋
burlap

一种包装袋，通常以黄麻纤维织成，用来储存 60~70 公斤的咖啡生豆，方便储存和运输。

—

卡蒂莫
Catimor

一种咖啡树品种，源于帝汶杂交种，最初是与卡杜拉杂交而成。卡蒂莫和帝汶杂交种的类似杂交种杯测品质较差，世界各地种植的名称也各有不同：在洪都拉斯是伦皮拉（Lempira），在萨尔瓦多叫库斯卡雷戈（Cuscatleco），在哥伦比亚是哥伦比亚（Colombia）和卡斯蒂略（Castillo），在哥斯达黎加的叫伊咖啡 90 号（ICAFE 90），在肯尼亚叫鲁伊鲁 11 号（Ruiru 11）和班坦（Batian），以及整个中美洲地区的萨奇莫（Sarchimor），等等。

—

卡杜拉
Caturra

波旁的自然变异种，卡杜拉最早是在巴西发现的，以风味层次丰富而闻名，从樱桃与柑橘到黑巧克力与焦糖都有。

—

咖啡浆果浸泡筛选
cherry floating

水洗或去皮日晒干燥处理法中
的初始步骤，将咖啡浆果放在
水槽中，将漂浮的果实区分开
来。漂浮的咖啡浆果很可能是
未成熟或其他有瑕疵的
豆子的标志。

—

干净
clean

被认为是没有瑕疵的咖啡风味。

—

以客户为导向的产品供应
client-based offering

根据目标顾客的喜好而选择的
咖啡产品表。

—

C 市场
C-market

咖啡商品市场（coffee-commodities
market）的简称，它为基本的商
业级咖啡生豆设定全球价格，
所有咖啡价格都以此为基础。

—

阿拉比卡咖啡
Coffee Arabica

原产于埃塞俄比亚西南高地的
开花结果植物。它可能是最早
第一种刻意种植的咖啡品种，
它构成了全世界种植的所有咖
啡品种的大部分。阿拉比卡比
其他咖啡树种更容易受到病虫
害的伤害，比如中果咖啡（Coffea

canephora）[通常以其最知名的
品种罗布斯塔（Robusta）命名]，
但阿拉比卡的咖啡味道更优。

—

咖啡寻豆师 / 生豆采购者
coffee buyer

为烘豆厂、出口商、进口商或
经纪商寻找和采购
咖啡生豆的人。

—

胶体
colloid

一种混合物，一种不能溶解颗
粒的物质，悬浮并细密地分散
在另一种物质中。

—

科迪勒拉
Cordilleras

哥伦比亚的一个平行山脉区域，
是许多优秀的咖啡生产商的所
在地。

—

栽培品种
cultivar

刻意筛选并培育的咖啡品种，
专为商业化量产。

—

杯测
cupping

一种评估咖啡品质和识别瑕疵
的全球性标准化方法。

—

日批次
day lot

采摘一天的收成以区分咖啡。

—

※

直接贸易
direct trade

一种采购和营销策略，需要与种植者和其他供应商密切合作采购咖啡。

—

干加工厂
dry mill

对咖啡进行处理的工厂，将咖啡从带壳豆或日晒干燥的果实处理成生豆，再筛选出一致的豆子，将咖啡豆装袋准备出口。

—

公平贸易
fair trade

帮助生产者获得更高价格的贸易制度体系。

—

发酵
fermentation

咖啡处理加工过程中的一个阶段，通常需要十二小时至二十四小时的时间，在此期间靠酵母和细菌从种子的羊皮纸上分解融掉咖啡果实的果胶。

—

第一次爆裂 / 一爆
first crack

咖啡豆在烘焙过程中由于咖啡豆的纤维素结构破裂而发出的第一次啪啪爆裂声。

—

干香
fragrance

干研磨咖啡粉的嗅觉评价。

—

瑰夏 / 艺妓
Geisha，Gesha

一种据称从埃塞俄比亚带到中美洲的咖啡品种。来自巴拿马的一些地块的几个批次在 21 世纪初打破了之前的咖啡生豆价格记录时，瑰夏声名鹊起。瑰夏以其异国情调、花香、超凡脱俗的杯测品质而闻名。

—

塑胶内袋
GrainPro

一种可密封的塑料袋，用作粗麻布的衬里，以保护生咖啡免受空气和湿气的影响。

—

生豆分级分析
green-grading analysis

记录和计算生豆瑕疵的体系。

—

手冲
hand pour

一种冲煮法，咖啡师将热水从水壶冲到咖啡粉上的冲泡方法。

—

蜜处理
honey-process，miel

中美洲对咖啡果实去皮日晒干燥法处理的专业术语。

—

浸泡式冲煮
immersion brewing

一种冲煮法，将咖啡粉浸泡在水中的冲泡方法。

黄麻
jute
一种长而柔软的植物纤维，用于制作粗麻布咖啡生豆袋。

—

微批次
micro-lot
由咖啡庄园或进口商提供的分量比标准少的咖啡生豆，都是经过格外细致的处理，即单独采摘、加工处理和日晒干燥。

—

口感
mouth feel
杯测和品质的术语，指的是咖啡的感知黏度。

—

果胶（中果皮）
mucilage (mesocarp)
咖啡果实的外果皮和羊皮纸之间的黏性果胶层。

—

自然（日晒干燥）工艺
natural (dry) process
将成熟的咖啡果实日晒干燥数周或数月，然后将其果肉、果胶和羊皮纸分离脱壳的方法。也指采摘和脱壳之前让咖啡果实在咖啡植株上日晒干燥，这种处理法产出的咖啡以明显的酒体醇度和突出的水果特征而闻名。

—

产品样品
offer sample
一份为了采购而提供的试验用豆子。

—

基于产地的产品供应
ogrigin-based offering
根据原产国或地区选择的咖啡产品表。

—

羊皮纸 / 羊皮层 / 内果皮
parchment, pergamino, endocarp
包裹在咖啡种子外面的一层壳状果皮，内层为银皮，外层为果胶，围绕着咖啡种子。
此外，也指水洗之后、脱壳之前的咖啡加工阶段。

—

仓位报告
position report
一份关于采购者已经指定或已承诺或有权使用的咖啡报表，包括已支付的袋装价格数量等详细信息。

—

出货前样品
pre-ship sample (PSS)
一份试验用的咖啡豆，代表准备出口给特定买家的豆子情况。

—

基于生产者的产品供应
producer-based offering
根据种植咖啡的生产者而选择的咖啡产品表。

—

基于风味的产品供应
profile-based offering
根据口味而选择的咖啡产品表，不考虑产地、工艺、品种或其他任何因素。

※

178

—

去皮干燥法
pulped natural

巴西开发的一种工艺，去除咖啡果实的果皮，然后在种子羊皮纸黏着部分或全部果胶的情况下将豆子日晒干燥。

—

去果肉
sarcocarp

在水洗和去皮日晒干燥法的处理过程中，利用搅动和金属片或齿轮去除咖啡果实的外皮。

—

未熟豆
quakers

烘焙后明显比整批次中的其他豆子更轻的豆子，是采摘了未成熟的咖啡果实造成的结果。

—

高架（非洲式）棚架
raised African beds

用于日晒干燥咖啡的平坦网眼台架，与晒豆场日晒干燥法相比，高架床更依靠空气流通来风干咖啡，而较少依靠热辐射来干燥咖啡。

—

休眠／养豆
Reposo

来自西班牙语的"休息"，即日晒干燥完成后，咖啡豆从艰苦的加工过程中"恢复过来"的时间。

※

—

季节性
seasonality

一种根据咖啡生豆新鲜程度供应咖啡的做法，无论是根据收成后的时间还是感知到的风味新鲜度来衡量。

—

第二波浪潮
Second Wave

精品咖啡的发展趋势，咖啡以中到深烘焙为主，如星巴克、毕兹和咖世家（Costa）等公司的咖啡。

—

信号检测
signal detection

一种杯测体系，可加快和提高购买决策的准确性。

—

银皮
silverskin

在咖啡生豆和羊皮纸之间有一层棉质般的有光泽的薄膜。如果银皮紧紧地附着在豆子上，是果实未成熟的标志。

—

现货样品
spot sample

一份试验用的咖啡豆，进口商和其他中间商在国内仓库中备有的咖啡豆试验部分，可立即出货发给寻豆师。

—

风土条件

terroir

影响咖啡内在特性的生长条件，包括土壤、气候、植株品种、当地采摘和加工处理方法等。

—

第三波浪潮
Third Wave

精品咖啡的趋势，强调高品质咖啡生豆、浅烘焙和新鲜供应。

—

类型样品
type sample

一份试验用的咖啡豆，由咖啡中间商提供的咖啡豆的试用部分，用于向客户展示一支咖啡的味道，但并未声称它是可供出售的实际咖啡。

—

铁皮卡
Typica

与波旁一起，是当今几乎所有咖啡的两个原生品种。铁皮卡树生产出优质的咖啡，通常具有悠长、令人满意的余韵。

—

V60

一种单杯冲煮方法所用的锥形滤杯，日本哈利欧（Hario）公司出品并标记。
冲煮时将热水倒在锥形滤杯中的磨好的咖啡粉上。

—

（咖啡树的）品种
ariety

各咖啡属种的各种不同的亚种。

—

水洗（湿处理法）
water activity

一种在水槽中用搅动豆子，将豆子上面的果胶、黏液震落之后再干燥的处理法。相较于其他方法，水洗工艺不太可能产生水果风味或异味，而且通常会凸显甜度、酸度，以及咖啡树种的真正表现。不太可能产生果味或异味，它往往强调甜味、酸度和咖啡植物品种的最真实表达。

—

水活性
water activity

咖啡样品中的水蒸气压。

—

湿刨处理法
wet-hulled，giling basah

一种在日晒干燥过程中途从咖啡豆上去除羊皮纸的一种方法。湿刨处理的咖啡通常会产生泥土味、低酸度的杯测品质，几乎没有甜味。

—

湿加工厂
wet mill

通过水洗或去皮干燥处理法，将咖啡果实变成带壳豆的工厂。

※

180

※※
致谢
※※

感谢艾琳·哈斯给了我改变生活的机会，让我为瑞图尔采购咖啡，由此带来了之后的所有成长机会。

感谢瑞奇·埃维拉（Rich Avella）和保罗·雷德（Paul Rader）带我进入了品鉴咖啡（和茶）的世界。感谢阿莱科·奇古尼斯，帮助我重新爱上了咖啡采购。

感谢德鲁·卡特琳（Drew Cattlin），陪伴我从毕兹到瑞图尔的无数个品鉴咖啡的深夜，以及给我讲述"马杜罗的传奇故事"。感谢阿比盖尔·乌尔曼（Abigail Ulman）在无数个深夜迫使我给自己荒谬的咖啡见解提出辩解，并感谢她帮助编辑本书。

我感谢来自不同公司和国家的朋友的鼓舞和启发：克里斯丁·马布里（Christine Mabry）、东尼·鲍尔斯（Tony Bowers）、布兰特·富勤（Brent Fortune）、托尼·科尼尼、斯蒂夫·福特、本·卡敏斯基（Ben Kaminsky）、玛丽莎贝·卡巴列罗、摩西斯·赫雷拉（Moises Herrera）、玛丽亚-荷西·威佐·德·罗德里盖茨（Maria-Jose Huezo De Rodrfguez）、路易斯·罗德里盖茨·范杜拉（Luis Rodrlguez Ventura）、罗德里戈·贾马太（Rodrigo Giammattei）、索尼娅·德·高契斯（Sonia de Gochez）、路易斯·佩卓·泽拉亚，弗兰西斯柯·梦纳（Francisco Mena）、亚历杭德拉·查康、亚历汉德罗·瓦利恩特、亚历汉德罗·卡得纳（Alejandro Cadena）、珍妮弗·乌博（Jennifer Huber）、布努诺·索莎（Bruno Souza）、凯文·波林（Kevin Bohlin）、梅特-玛丽·汉森、莉亚·希伯特（Lia Siebert）和凯蒂·布拉曼（Katie Blackman）。

感谢他们的帮助，还要感谢提醒我从头开始采购咖啡是怎么回事的人，谢谢你们！感谢瑞奇·涅托（Rich Nieto）、金·罗杰斯（Kim Rodgers）、达菲·布鲁克（Duffy Brook）、艾伦·麦杜嘉（Aaron MacDougall）、丹·科普兰（Dan Coplan）和里昂·傅（Leon Foo）。

感谢为本书贡献信息内容的各位，乔里·菲利斯（Jory Felice）、乔尔·爱德华兹、本杰明·帕兹（Benjamin Paz）、克里斯·乔丹、安德鲁·巴奈特·汤普森·欧文、达林·丹尼尔、迈克·斯川普菲、安迪·特林德尔·梅尔希、加布里埃尔·波斯卡纳、詹姆斯·达尔根、莎拉·克鲁斯、莫顿·温纳斯加德、安妮特·穆德维尔、克劳斯·汤姆森、克里斯·戴维森、杰瑞德·林兹梅尔、崔西·罗斯格、温蒂·德·钟、乔尔·波拉克、杰夫·瓦兹和斯考特·罗兹（Scott Rocher）。

特别要感谢的是我的太太克里斯蒂娜（Kristina）——没有她的支持，不可能有这本书——还有感谢我的孩子，米莉（Milli）和富兰克林（Franklin）。

图书在版编目 (CIP) 数据

咖啡寻豆师手册 / （美）瑞恩·布朗（Ryan Brown）著；
刘嘉译 . —重庆：重庆大学出版社，2023.8
（万花筒）
书名原文：Dear Coffee Buyer: A Guide To Sourcing Green Coffee
ISBN 978-7-5689-3846-4

Ⅰ.①咖… Ⅱ.①瑞… ②刘… Ⅲ.①咖啡 - 手
册 Ⅳ.① TS273-62

中国国家版本馆 CIP 数据核字（2023）第 057353 号

咖 啡 寻 豆 师 手 册
KAFEI XUNDOUSHI SHOUCE
[美] 瑞恩·布朗 著
刘嘉 译

责任编辑：李佳熙
责任校对：王 倩
责任印制：张 策
书籍设计：臧立平 @typo_d

重庆大学出版社出版发行
出版人：陈晓阳
社址：（401331）重庆市沙坪坝区大学城西路 21 号
网址：http://www.cqup.com.cn
印刷：天津图文方嘉印刷有限公司

开本：787mm×1092mm 1/16 印张：12.75 字数：192 千
2023 年 8 月第 1 版 2023 年 8 月第 1 次印刷

ISBN 978-7-5689-3846-4 定价：88.00 元